大势将至，未来已来

王鹏 / 著

北京联合出版公司
Beijing United Publishing Co.,Ltd.

图书在版编目（CIP）数据

大势将至，未来已来 / 王鹏著. — 北京：北京联合出版公司，2018.10

ISBN 978-7-5596-2443-7

Ⅰ. ①大… Ⅱ. ①王… Ⅲ. ①成功心理－通俗读物 Ⅳ. ①B848.4-49

中国版本图书馆CIP数据核字（2018）第176723号

大势将至，未来已来

作　　者：王　鹏
责任编辑：牛炜征
产品经理：穆　晨
特约编辑：郭　梅

- -

北京联合出版公司出版
（北京市西城区德外大街83号楼9层　100088）
北京联合天畅文化传播公司发行
天津光之彩印刷有限公司印刷　新华书店经销
字数 200千字　880mm×1230mm　1/32　印张 8.75
2018年10月第1版　2018年10月第1次印刷
ISBN 978-7-5596-2443-7
定价：49.00元

- -

人间的滋味

十二年前，我是一名调查记者，生活的每一天都是冒险。

我总在未知的时刻接到短促的指令，然后突兀闯进别人的悲欢。命运送来无数颗巧克力糖，每一颗都别有滋味。

那段日子品尝了太多人间滋味，每一段人生都向你开放入口，就像打开一个平行世界。

我在一个又一个故事中穿行，有时能抽身而退，有时难免沉溺其中。

后来，调查范围扩展到全国，我开始奔走于一座座城市。清晨梦醒，总要定定神，才能恍恍惚惚起身在何处。

床边的录音笔内存着郭德纲的相声音频，那时他还年轻，喜欢中气十足地唱"昨日里趟风冒雪来到塞北，今日里下江南桃杏争春"。

那些旅途中的烟尘，一直飘荡在记忆深处，让往事扑朔迷离。我已记不清那些故事的细节，但总能记得那些故事的味道。

每一座城市都有魂魄，每一个生命都如迷宫。那些故事中的人，在人间匆匆行走，最终留下的，不过是一抹味道，或甘甜、或苦涩、或清冽、或醇厚。

在一个个黄昏和黎明，在一个个火车站和飞机场，我与那些故事挥手作别，然后疲惫地踏上归程。那些味道会一直撩拨魂魄，诉说生命的复杂多解。许多时刻，这不是愉悦的体验。

然而，那些味道会一直督促着我，把记录的故事，化成油墨铅字，为故事中的人呼喊，并寻找被遮蔽的真相。人间的滋味，最终会化成倾诉的力量。

很多年前的春日，报馆前春暖花开，报社总监张锐老师和我们说："新闻是一种理想。"

在那些翻阅人间的日子，我总会想起这句话。

十二年后，我们的报馆已化作京华烟云，当年的同行者已星流云散，时代已有新的倾诉方式，越来越少人愿意记录那些复杂的味道。

我创业做了一个新媒体平台，取名"摩登中产"，用的依旧是古老的手法，记录的却是这个时代的故事。情节或许更迭太多，但味道没变。

我们回望远去的1999年，重温千禧年的命运伏笔；我们眺望遥远的2040年，警醒23年后的人类激变。我们诉说传奇，记录悲欢，眺望未来，用时代的笔法，解构时代的焦虑。我们随新中产一起成长前行，前路漫漫，火光未熄。

我们是讲故事的人，你们是听故事的人，总有一天，我们都会是故事里的人。

去年国庆，我在意大利罗马，黄昏时分，暮色铺满广场。

朋友圈里在刷纪念张锐老师的文章。离开报馆很多年后，他创立了"春雨医生"，却在2016年不幸病故。

那一天是张锐老师的忌日。我在异国，慢慢读纪念他的文章，在文尾作者引用了《金蔷薇》里的话："全维罗纳想起了晚祷的钟声。"

那一刻，罗马的广场恰巧也响起钟声，鸽群飞起，越过高高的尖塔。

长风送来伤感的哀思，和我记忆中的那些味道混合交融，最后化为人间的滋味。

记录就是最好的纪念。

理想或许已远去，但今日的故事，总归还应有人记录。

是为序。

王鹏

2018年4月8日

Chapter 1

中产问道

Chapter 2

城市囚徒

Chapter 3

请回答1999

Chapter 4

在生命中，多凿几个出口

Chapter 5

大势将至，未来已来

中产问道

中产问道：生命就应该浪费在美好的事物上

▶ 很多年后，我们发现，浪费才是传承的开始。

一

对许多国人而言，第一眼窥见繁华，是在香港电影中。

在香港电影风靡的20世纪90年代，无数城镇录像厅内，简陋的白幕恍如一扇窗，窗外幻动着光影憧憧的浮华世界。

那里有尖沙咀的高楼林立，有跑马地的温柔月光，有衣冠楚楚的香港白领，以及他们所经历的中产生活。

电影中的奢华，戏剧化且无厘头，最常见元素是钻石名表、红酒龙虾和黑漆如砖的大哥大电话。

这深刻影响了内地的物质审美，在万物疯长的20世纪90年代，奢华成为追逐的主题。

海外抢购的名牌包裹全身，不计重量的金链缠绕脖颈，在新贵家中，风格迥异的家具堆满客厅，客厅棚顶上垂挂着结构复杂的水晶吊灯。

吊灯光线昏暗，其更多的作用，是成为故事开头，向访客讲述当年的传奇。

那些收割时代红利的先行者，恨不得把生活中的一切都涂满金粉，把所有享乐都挂上价签，以此来标明身份。

拜金的洪流，虽划分出阶层，却难掩粗鄙气息。

王朔不屑地评价："什么叫成功，不就挣点钱，被傻子们知道吗？"

巨大的空虚很快如梦魇般袭来。

那些弄潮儿发现，物质富足并不能填补精神空虚，再多的财富数字有时也换不来快乐。

没有人将他们定义为中产阶层，他们聚拢了财富，但并没有学会如何生活。

在时代荒野上，他们修筑起世家的古堡，但古堡中空空荡荡，尚无文化积淀。

在早前的偶像剧《流星花园》中，他们被抽象为四大家族。女主角杉菜吟咏着法国诗人的名句，给予了他们致命一击。

女人啊，

华丽的金钻，闪耀的珠光，

为你赢得了女皇般虚妄的想象，

岂知你的周遭只剩下势利的毒，傲慢的香，

撩人也杀人的芬芳。

粗鄙的拜金者开始被厌弃，新一代中产阶层从物质奢华中挣脱而出，开始追求自我愉悦。

在北上广，年轻中产举办婚礼已不再执意于奢华的婚宴。他们同样喜欢草坪酒会，喜欢慢斟红酒，向好友讲述爱情故事。更喜欢在朋友圈中展示特殊的蜜月地，比如欧洲的古堡或者非洲的草原。

个性和内涵，科技和简约，是他们喜爱的标签。

品位取代奢华，成为新中产阶层对生活的新标准。

他们钟爱低脂饮食，比如牛油果、西蓝花和胡萝卜汁；他们追崇简约运动，比如夜跑、搏击和越野登山。

他们可以复古，供奉满抽屉的黑胶唱片，也可以在智能音箱的音乐中安静入眠。

他们是最新科技的尝鲜者，同时也愿意周末去农场，用最原始的方式做果酱、醋和酵素，感受匠心之味。

在极繁和极简中，新一代中产阶层开启了新的生活信仰，并已自成自道。

二

佛系青年尚在敲击木鱼，思考人生方向，而新中产阶层已更进一步，开始追问生活之道。

他们追求的道，便是精神奢侈品。

在朋友圈中，中产家庭的女主人们，最新流行的爱好是阅读英文书。

我的一位朋友，已经是两个孩子的妈妈，她每日的生活几乎被琐碎日常填满。然而夜深时，她仍要坚持阅读几页英文小说，并在朋友圈"打卡"。

她早已过了海外游学的年龄，也并无移民规划。她说，每夜读那几页英文，就是她的奢侈享受，只有那样才能保住她生活的味道。

这是中产生活的味道，同样也是中产生活的骄傲。

新一代的中产，物质已稳定饱足，故而更注重精神充盈。

在日本，东京边上御殿场的奥特莱斯商场内有一座跨越山谷的石桥。

这里曾是国人旅行的热门目的地，他们在桥上拍照，并在桥两侧的商店中抢购名牌。

然而，近年来，商家们发现，奥特莱斯里的中国人正在减少。

他们转而流连古城、博物馆和乡野，体验真实的日本文化。而这些体验很快会转化为社交谈资。

中产们已不愿再用名牌而更愿用谈吐和学识划分阶层。

他们把这种精神奢侈品视为无形资产，并逐渐升级为社交门槛。

为了积累无形资产，他们不断扩张生活的边界，重视一切新鲜体验。

他们在午后抚弄尤克里里，在周末表演自编话剧，在书房的一角搭起父子工坊，复制知乎上一个个极客实验。

即便是自由行游玩，他们也努力赋予其主题，比如攀爬一座雪山，学习一次潜水，探访一个遗迹，记录历史最后的烟痕，等等。

"摩登中产"的投资人，最新计划是学习驾驶螺旋桨飞机，然后一站站飞越整个欧洲。

台湾黑松汽水有一句广告词：生命就应该浪费在美好的事物上。

吴晓波在女儿18岁时，写信把这句话赠送给了她。

他说，第一批中产家庭子弟，已有权利和能力，选择自己喜欢的工作和生活方式。它们甚至可以只与兴趣和美好有关，而无关乎物质与报酬。甚至，它们与前途、成就、名利也没有干系，只要它是正当的，只要你喜欢。

或许，当这种"浪费"成为传承，中国才有真正的中产阶层，并培养出真正的世家。

一位互联网公司的程序员朋友，在新的一年，准备带儿子在暑期周游埃及。

为此，父子俩已做了半年知识储备，借助各平台做了复杂的游学攻略，并打算拍一部私人纪录片。

元旦前，父子俩先拍好了一部视频预告片。片中，他的儿子，一个三年级小孩，手指划过尼罗河，用稚嫩童音说："这就是文明。"

三

国人的物质追求和精神探寻，一直如双曲线螺旋般纠缠着。

每当物质满足，灵魂总会干渴，从而促生文化浪潮。

比如十几年前的余秋雨，几年前的易中天和当年明月，以及当下的公众号偶像。

在反复洗礼之后，年轻一代的内心已变得更加坚定。

他们的物质追求，讲求气质和科技感，而他们的精神奢侈品，品位越来越稳定，价值也越来越高。

以美国为例，从2003年到2013年，女装价格仅上升了6%，而大学学费却上涨了80%。十年间，奢侈品销量不断下滑，但充满科技感的商品成为新宠。

带有人工智能的机器正取代奢华家具，成为年轻一代家中的必备品。而在社交平台上，分享一篇《经济学人》文章，比晒出名牌包更为体面。

当你秀出散发时代感的科技新品，分享有品位的深度文章时，就能吸引同类，或可进入新的关系网，继而接触到高端人士。

这正成为新时代的中产法则。

在西方，医生、律师、记者、艺术家和学者，形成了一个特殊的阶层，名为雅痞（Yuppie）。

他们追求生活的真味，并用气质和知识划分阶层。

而在中国，类似雅痞的追求，正成为新的潮流。

新的一代，不再热衷于纸醉金迷，不再纠结于文化苦旅。他们看重目标，更看重过程。

时间最为无情，香港电影已成往事。

昔日那些繁华光影，成为包裹我们的现实。而在北上广的新中产面前，新的银幕上，正放着有关未来的一切。

未来同样光影繁乱，但台下的观影者们，已经学会安静。

你我皆是画中人

▶ 北京京郊有条温榆河，河上游是富人云集的中央别墅区，下游是皮村，里面住着范雨素。

一

车出五环后，天色更加明媚，北京顺义温榆河边的别墅群露出婀娜身影。

这里是北京最早的中央别墅区，多年来，众多高档社区相邻而建，大量新贵迁居于此，俨然已自成气象。

别墅中的夫人们多主持内务，丈夫们则打理着经济命脉。他们不再考虑户籍，而是在选择国籍；他们不再焦虑收入，一切已自成体系。

她们甚至不用经历生育之痛，开放二胎后，有人选择让美国女子代孕，费用近百万，生下来即是美国国籍。

他们很少经历北京的寒冬，闲暇时，多逐春光而行，去海南游船，去泰国礼佛，或者去澳大利亚享受南半球的艳阳。

别墅区的朋友和我提过他欣赏的搬家服务：戴着白手套的管家

如绅士般礼貌入室，用尺子丈量水杯在餐桌上的位置。然后，一切小心打包，搬到新家，杯子会摆回桌子上，位置不差分毫。

搬家费用高达10万元。

他们也在意学区房。在中央别墅区不到5平方千米的范围内，挤进了14所顶级国际学校。他们的孩子以此为起点，逐步过渡到欧美名校。

当范雨素的女儿在皮村胆怯地盯着藏獒时，国际学校的孩子们正围坐在草坪上，用英语讨论《浮士德》。同龄人的命运就此殊途。

距离在无声中被越拉越大，大家同在一片天空下，却像分属不同世界。

务工者在忧虑生存问题，中产在焦虑奋斗法门，而城外的他们则在专注于传承，希望下一代继续成为规则的制定者。

2015年，我去故宫看《清明上河图》，橱窗前人头攒动。画卷横展于橱窗之内，大宋朝虽然阶级林立，但清明上河图是平的。

范雨素的讲述却如同画了一幅垂直的画卷。画卷的顶端是豪宅中妩媚的女主人，画卷的底部，则是寒风中被推搡的八十老母。

这即是当下的中国，而你我，都在画卷中部的混沌中。

二

两千多年前，汉武帝用推恩令废止了世袭罔替。一千四百多年前，隋文帝用科举制灭掉了名门士族。

中国并无贵族传承，但贫富差距一直存在。

随着社会走向稳定，分层总会逐渐清晰。

当分层稳定时，那些在动荡时代产生的临时上升通道就会被湮灭。

那些位于画卷顶部的人，多是动荡红利的受益者。

他们中的年长者，受益于改革开放的第一波红利，只要有胆识和执行力，便有机会开疆拓土。他们的故事多藏纳于吴晓波的《激荡三十年》里，发迹近乎神话且不可复制。

他们中的年轻者，则多受益于互联网的红利。新贵们多有海外游学经验，他们利用中国与世界的距离差和时代差，快速积累财富。他们是少数通过知识完成阶层跃迁的人。

然而，相对于老房客，他们只是新人。那些血统尊崇之人，那些机缘巧合之人，早已占据在城堡之内，随着最后一批新贵拥入，城堡的吊桥缓缓升起。

城堡外的中产，尚能望到城堡里的灯火，而在更远处的荒野上，在无数范雨素所在的世界中，已很少有光。

郝景芳的《北京折叠》描述了更为极端的未来世界。

画卷顶部的人占据着更好的时间和空间，中产白领为之服务劳作，而那些难于在城市立足的人，最终被塞进茫茫夜色中。

范雨素的独白，终究只是夜色中的呢喃。一切重回寂静，只是时间问题。

三

对于画卷顶部的人来说，家族的雏形已隐然可现。

十几年前，冯小刚在自传《我把青春献给你》中，展望过这一雏形的诞生。

"现在中国的有钱人，穿的也都是名牌，住的也都是大HOUSE，开的也都是宝马，甚至有的也一掷千金，但举手投足还是找不着优雅的感觉，眼神里还是透着心急火燎。仔细分析，是穷了多年养成的做派。钱是有了，但还没有过足满世界显摆炫耀的瘾。我估计少则十几年，多则要等到下一代，中国的有钱人才会神情自若，才会洗尽曾是无产阶级的烙印，于不经意间挥金如土。那个时候，中国就有贵族了。"

十几年后，冯小刚预言的那一代，已走出校园。他们并不在意仇富者的评价，也甚少带有炫富者的愚蠢。在精英教育之下，他们大多内敛谦和。他们无须冒险，故而从容。

相对于画卷底部的人来说，他们有太高的起点。在顶级教育和富裕家庭的双重保障下，很大概率上，他们将顺利接掌和增值家族财富。

而这批孩子的孩子，也将继续享受精英教育和稀缺资源，从而形成一个稳定又封闭的循环。

如果说，财富的积累，还存在暴发户的偶然，那么教育的传承，则宣告着一个新阶层的割裂与诞生。

对于画卷中部的人来说，这是个无奈的事实，而对于画卷底部的人来说，这是个无关紧要的事实。

一切离范雨素们太遥远，生存的问题已足够沉重，无暇思考更多。

走红之后，范雨素不愿再被媒体追逐，她说，她已避入深山古庙。

或许她已明白，她终将被遗忘。

如同，坐在高铁温暖车厢中的旅客，听不见农田中飘荡的哭泣；城市中步履匆匆的行人，也记不住地下通道里消失的愁苦面容。荒野的，终将归于荒野。

　　只是我很好奇，范雨素是否想过，将她装订成如此模样的，真的是命运吗？

斗兽场中的全年龄搏杀

▶ 欢迎来到斗兽场，不要告诉我你的年龄，没意义。

一

《王者荣耀》中五分之一的英雄，都是由一名2014届校招生设计的，工龄刚满三年。

他所属的天美L1工作室，团队平均年龄不到30岁，但生产的《王者荣耀》月流水已超30亿。

世界的重心已经向年轻人倾斜。

百度2017年收购的渡鸦科技，其创始人吕骋，出生于1990年。他成为百度历史上第二位"90后"高管。

第一位是百度去年收购的"李叫兽"的创始人李靖，并购后成为百度副总裁，出生于1991年。

公司被收购后，吕骋说，他无法忍受还要用"60后"或"70后"设计的操作系统，"未来的世界，必然是我们来定义的"。

话语锋利如刀，一个时代向另一个时代吹响了号角。

在美国，"90后"大军早已抵达战场。数据显示，全美32家最成功的企业中，有26家的员工年龄中位数低于35岁。其中脸书（Facebook）的只有26岁，推特（Twitter）的28岁，谷歌的29岁，苹果的31岁。

职场主导权正在向年轻一代转移，而那些被急促脚步吵醒的中年人，则心生惶恐。

硅谷三四十岁的主管和工程师们，开始染发，去眼袋，用激光清理面部斑点，以及用超声波收紧皮肤，只求在同事中不那么显眼。

50多岁的职场女性，则开始了解漫威电影、金州勇士队和卡戴珊姐妹的绯闻，只为在和年轻同事聊天时，不像个局外人。

猎头们开始建议中年客户删掉所有超过十年的履历，并抓紧找专业摄影师拍照，以确保求职照片上毫无倦色。

一名年过40的工程师发推特说，他穿着正装走在硅谷街头时，感觉已被年轻人的潮流淹没，无声无息，无从挣扎。

同样的迷茫，也在国内弥散。在联想和华为的员工论坛上，35岁中层被辞退的传闻，永远是热门话题。

有人说，面对更年轻、工资更低的年轻人，每一次续签，都心惊胆战。那份几年一签的员工合同，就是几年一度的人生判决。

在时代大潮冲刷下，每一个年龄段的人都须转型学习，过往的经验优势，不再能提供安全感。

时间的赛道被打破，"90后""80后""70后"和"60后"在同一座斗兽场中拥挤，唯有有能力者方能生存。

媒体说，欢迎来到混龄共处的时代。

二

在混龄共处时代，有三个维度消失了。

第一个消失的维度，是年龄维度。

在往日，很少有高管比员工年轻很多，因为年龄决定着经历，而经历关联着能力。年长者，往往意味着能力更强。

然而，在混龄共处时代，年长为尊虽然存在，但仅限于礼仪层面，更多时候，年轻人的创意和判断力，决定着公司在新兴市场上的成败。

在美国新闻聚合网站BuzzFeed上，有位53岁的资深老编辑，发表了一篇伤感的文章——《作为BuzzFeed最老的员工是一种什么体验？》。

文章还有一个副标题，叫作《我已经跟不上每日工作的节奏》。

在文中，老编辑说："这些聪明绝顶的年轻人让我每天都在受挫，在总部我无时无刻不处于困惑当中，我的人生中还从未感到如此挫败。"

几个月后，他被小他十五岁的老板解雇了。

老板说："这与你的工作水平和写的东西无关，其实是因为你与年轻同事创造力上的差距。"

这已经是2013年的故事，愿老编辑好运。

第二个消失的维度，是经验维度。

在往日，职场中的中年人最有底气的资本是工作经验。

然而，当未来变幻不定，行业前景陷入迷雾，那些多年积累的经验，则开始急速贬值。

硅谷有个铁律：如果你在大公司工作十年后被解雇，那么你会发现，你会的技术可能已是古董。

更可怕的是，落后的逻辑模式，将限制你学习新技术，即便学会，你也缺乏再次熟练的时间。

许多硅谷工程师，被裁后当起了优步（Uber）的司机，还有人卖掉原计划退休后隐居的房子，靠失业津贴和存款度日。

第三个消失的维度，是权威维度。

在这个时代，没人能拥有长久的权威。

满头白发的赵本山要和一脸嬉笑的天佑讨论直播技巧；码字半生的报社主编要和青涩未消的大学生比拼公众号；英语还没学好的雷布斯，已经被"00后"CEO称为老一辈企业家。

没人再迷信权威，因为权威走红和过时的速度都变得太快。

斗兽场中的搏杀节奏越来越快，年轻人纵情向前，中年人跟跄接招。

2015年，55岁的汽车工程师迈克尔·佩雷多被奔驰公司解雇。职业顾问建议他不要再穿着T恤打领结，但他怎么也做不到，"不戴领结我浑身都不舒服"。

失业十八个月后，他终于在一家公司找到了一份零工，为无人驾驶汽车编写软件。

在那次面试前，他终于解下了领结。

三

被关在斗兽场中的人，其实都是被时代大潮席卷冲入的。

有统计表明，我们这个时代，《纽约时报》一周的信息量相当于第一次工业革命时一个普通人一辈子的总阅读量。现今地球上，每18个月产生的信息，超过过去5000年的总和。

信息浪潮早已堵塞口鼻，那些在浪潮中出生的人，成长速度颠覆过往的认知。

网易报道了一位获得苹果奖学金的中国"00后"，从6岁就开始开发软件，小学三年级就设计出了解决计算机故障的网站。他的学习资料来自父母买来的课本、期刊和在线教育网站。

二十多岁就改变了世界的扎克伯格则说"年轻人就是更加聪明"。

或许，技术和科技的高速迭代，正是造成混龄共处的潜因。

那么，适应斗兽场中的生活，同样要从自我迭代中入手。

其实，这个时代更为公平，每一个年龄段的人，获取信息的机会，近乎平等。

年轻人拥有着记忆力和反应力的优势，而中年人则有着逻辑和判断力的优势。

事实上，直至晚年之前，人类大脑一直在生长，横向思维会不断强化，形成更为准确的逻辑推理能力和联想能力。而阅读和学习，将不断刺激横向思维。

那些轻言胜负者，那些沮丧颓废者，那些抱怨岁月者，终归会成为进化路上的灰烬。

画蛋、幻梦和试炼开始

▶ 你一生的命运轮盘，将在今天扭动。

一

在大时代开启之前，总有种山雨欲来的压抑。

老虎依旧记得1977年夏天，连绵的火烧云徘徊在长江上空，云朵厚重沉闷，却预示着漫长的晴天。

那年他16岁，学校坐落在长江南岸的一座小县城内。

教室是由破庙改造而成的，班上30多人大多无心学业，脑海中只有起伏的麦浪和拖拉机的轰鸣声。

高考是一个遥远且陌生的词语，没人知晓它的魔力。

从城里下放的老师怒其不争，训着训着就动了情："我知道你们一个都考不上，但还是要要求你们都去参加高考。当你们考完了再回村干活时，即使拿着锄头看着白云仰天叹息，起码你们曾为自己的命运奋斗过一次，尽管是一次失败的奋斗。"

老虎不服气，他决定，不但要考，还要考上，让老师知道他错了。

十个月后，他参加了1978年的高考，英语只考了33分。他所报学校的英语录取线是38分。

班里只有一人考上了师专，其他人返乡务农，大家没有沮丧和失望，反而觉得这才顺理成章。

老虎回到熟悉的手扶拖拉机座位上，稻田的湿气瞬间包裹了他的人生。他已认命，但他妈妈不认。

老虎的妈妈跑到一所农村初中的校长家推销儿子。最后，英语考了33分的老虎，成为初一英语代课老师。

学生们很喜欢他，他再次对学习燃起热情。

1979年，老虎又报考了心心念念的师范院校。这次他英语考了55分，但师专的英语线提升到了60分。

落榜之后，老虎妈妈打听到县里有个针对外语的补习班，班里出过一个考上北京大学的女生，因而声名大噪，限额招生。

老虎的妈妈跑到城里，从教育局找到主办中学，神奇地把所有人聚在一起，恳求他们收下老虎。

从城里归来，黑夜里，雷声轰鸣，小路上泥泞不堪，老虎妈几次落入沟里，雨幕之中，远方传来微弱的一点光。

老虎最终进了补习班，和20多个男孩住在一个连厕所都没有的大房间内。

他疯狂地背诵英语课文，深夜被窝中依然有手电的光。

此时，他已明白高考的力量。那是他闯过泥泞，穿越雷雨，到达新世界的唯一通道。

1980年高考，英语考试时长两小时，但老虎四十分钟就交卷了。

考场外的英语老师勃然大怒，以为他自暴自弃，迎面就抽了他一耳光，可老虎已胸有成竹。

他英语考了90多分，考上了北大。

老虎妈妈说，儿子去了北京就回不来了，索性连未来的婚宴一并办了，于是宰光了家里所有的猪、羊、鸡。

村里人从城里调来一辆拉土大车，把老虎从县城送到了常州。

在常州，他孤身上车，买的是站票，火车进京要开三十六个小时。

离开县城后，没有人再叫他老虎。在北大新生登记处，他写下学名："西语系，俞敏洪。"

他高考那年，作文题是根据达·芬奇画蛋的故事写一篇读后感。最简单的鸡蛋，角度不同，画出来千差万别。

在那个年代的高考生心中，大时代也如画蛋，一切都从空白处开始勾勒。

二

无论是激情迷茫的80年代，还是闷声发财的90年代，在20世纪，求学都是稳定上升的通道。

高考是其中的关键节点。龙门一跃，看到的世界就再不相同。

1997年，恢复高考20周年，酷暑中那些年轻脸庞上依旧写满紧张，可他们的命运已悄然转向。

那一年，史玉柱的巨人大厦停工，中国电信推出两个拨段号码163和169，联想在十二个月内一口气卖出了43万台电脑。

在许多三线城市的高中旁边，电脑房取代了卡带游戏厅，并成为网吧的前身。在体形笨重、CPU型号为486和586的电脑中，藏着李逍遥和赵灵儿的悲欢离合。

两年之后，高考出了一道特殊的作文题，直接眺望更远的时代。

作文题目是《假如记忆可以移植》。

一群基本没用过手机的年轻人，胡乱眺望一下未来，便兴致勃勃地投入新时代大潮。

那一年是大学扩招的第一年，高校招生人数激增42%，计算机相关专业学生占了全国理工科学生总数的1/3。

他们中许多人并未成为"码农"，而是在非典消毒水的气味中，于招聘会上四处碰壁，最终散落于茫茫人海。

18岁的夏天，那些对新时代的幻想，成为潜藏在记忆中的苦笑。

2002年，天津女孩郝景芳考上了清华大学物理系。毕业十年后，她的小说《北京折叠》获雨果奖。

她眼中的北京，晨昏颠倒，阶层分明，是俞敏洪那个时代无从想象的。

郝景芳是第四届新概念作文大赛一等奖获得者，同时获奖的还有一个四川年轻人，名叫郭敬明。

连续两届获奖的郭敬明，高考满分60分的作文只得了30分。他因此没去成厦门大学，转投上海大学。

他不会过地铁闸门，被工作人员羞辱；他用复读机一遍遍练上海话，但依然融不进同学圈。

新世纪初年，高考红利已日渐稀薄，它可以把郭敬明从小城带到上海，但无法给予更多。

大学城疯狂扩建的烟尘，遮住许多年轻人的未来，财富阶层已现雏形，且准入门槛越来越高。

许多人选择在荒诞的幻梦中麻醉自己，当然在他们心中，那个梦如折纸般轻盈、水晶般剔透，并如刺金般闪耀。

高考可以改变命运，但个人的命运，终归是嵌在大时代之中。

三

在郭敬明酝酿《小时代》时，他的四川老乡陈欧正在新加坡读南洋理工大学，比陈欧小五岁的王思聪，则在英国读中学。

他们并不需要参加高考。

新世纪之初，越来越多的家长选择让子女留洋，留洋的年龄也不断提前。

然而，这终究仅限于大城市的精英阶层。对于许多年轻人而言，高考依旧是上行的唯一出口。

只是，这个时代的高考不再充满魔力，而只是一场漫长征途的起点。

踏上起点，仅意味着拥有了入场券，但距离成功人生，尚有未知的距离。

大时代的铁幕映出繁乱光影，上升通道狭窄、拥挤，所有人都在被迫奔跑。学习，成为贯穿一生的行为。

即便是那些通过学习已改变阶层的学长，也同样回到这场征途之中。

在一个瞬息万变的时代，命运的考试其实在反复上演，不断改变人生方向。

从这样的角度看，夏日里的高考只是人生系列试炼的开始。

这个开始，决定着你一生故事的走向。

想想看，一道试题意外填错，就可能改变你将就读的学校，替换你将遇到的师友，更改你将爱上的女孩，并涂乱毕业后的漫长人生。

分数就是命运轮盘上的刻度，而扭动轮盘的，只是一个十几岁的年轻人。

　　出身千差万别，前路云雨未知，但最初抖动蝴蝶翅膀的，依旧是你自己。

　　无论大时代怎么变，这一点从未改变。

人人飞奔向前，他们却开始了间隔年

▶ 非洲赏狮，迪拜喂马，在恒河岸牵手异国女孩，这是他们的，间隔年。

一

九又四分之三站台上，魔法列车轰然远去。J. K. 罗琳寂寞地抬起头，停止了对哈利·波特的想象。

那一年是1990年，26岁的她在报纸豆腐块广告中，看到葡萄牙一所学校正在招聘英语老师。

广告语简短且魅惑："保证气候温暖并有一个新的开始！"

那一年是J. K. 罗琳的"Gap Year"。

十八年后，一个叫孙东纯的潮州人，在天涯上发帖，讲述他周游六国、旅游兼做义工的故事，并把"Gap Year"概念引入中国。

他将之翻译为"间隔年"。一个安插在生命中的惊喜段落。

而今，在知乎网站上关注"间隔年"话题的超过了29万，而关注"财务自由"话题的只有1.4万。

如果搜索微信，以"间隔年"为标题的文章能刷满四屏。

相比于"诗和远方"的冲动，间隔年更像是精心准备的一场游历，暂别一成不变的生活，换个角度，看看世界。

生活被这些好奇者掀开新的一角，外面的世界精彩广袤。

在古巴哈瓦那老城区，郭昶拉着妻子龙云，穿行在五彩的欧式建筑间。两人都曾是百度的产品经理，工作四年后决定开启间隔年，用两年时间周游世界。

在地球另一端，东非马赛马拉自然保护区，万物已苏醒，河马在水里鼓动气泡，斑马群在草原上疯跑，雄狮在树荫下傲然远望……杜杰和同伴搭乘越野车，用镜头记录下这一切。

在澳大利亚，一位中国白领正在大朵大朵的白云下修剪羊毛。按计划，他还将前往新西兰摘蓝莓，去迪拜照料纯种马。各种不同的生活体验写满日程，他信仰"道路即生活"。

间隔年最早起源于二战后的欧洲，本意是让各国国民多加交流，避免战争再次发生。

然而，反传统的嬉皮士升级了这一概念，他们从欧洲出发，览山观海，最终抵达亚洲的印度或斯里兰卡。那是自由与叛逆的修行之旅。

对于压力沉重的中国中产阶层而言，间隔年恰是难得的喘息。无论是求学获得新知，还是用公益填补心灵，或者借旅行重新思考事业发展，都正为所需。

二

每个人出发的理由都不相同。

正在古巴漫步的郭昶夫妇，出发前曾纠结近一年。

相恋时，郭昶曾答应妻子，30岁前带她环游世界。

工作四年后，两人的收入已比刚入职场时翻了四倍，已在北京结婚买房，有了存款。

30岁渐渐逼近，当初的约定并未淡忘，反而越来越清晰。

下决心的过程并不容易，两人正在事业上升期，且创业风口刚刚来临，身边许多朋友都在为事业奔忙。

两人做了个打分板，列出了环游世界、读MBA和继续工作三个人生选项，并用近一年时间，思考这道题。

每个选项的优势和劣势被反复剖析，可能的结果被不断量化。

直到有一天龙云问郭昶："到80岁的时候，想起今天，你是会后悔在青春的最后几年没有出去走走，还是会后悔这些年没有好好工作、买房、买车、生孩子？"

郭昶说："我会后悔没有出去走走。"龙云说："我也是。"

他们扔掉打分板，买了出发的机票。

有些人的间隔年是为了寻找心灵归宿。

老郑在深圳外企履职十二年，被作为未来高管重点培养，但他内心越来越迷失。

他说，如果没有内心强烈欲望的支撑，他很难走得更高更远。

他收拾行囊去云南大理，在茶马古道边的一个古村里当起了乡村教师。

古老的村落外是茫茫大山，老郑内心平静，想在老了时多几个可以自豪的学生。

有些人离开了学校。

2015年，河南女教师顾少强，写下"世界那么大，我想去看看"。那封著名的信已被送进校史馆。

而今，她和丈夫在毗邻青城山的古镇开了一家客栈，女儿已诞生。

这是她真正想要的生活，或许之前的日子才是间隔年。

三

一位30岁的程序员，用日记篇幅来衡量间隔年，"手写日记20年，平均10个月1本日记，间隔年的20个月，写了6本日记"。

每个人在间隔年中的收获各有不同。

有人收获了事业灵感。

1971年，一位伦敦商学院MBA的应届毕业生决定暂缓工作，先带着新婚妻子横跨欧亚大陆。夫妻俩开着100英镑买来的破旧老爷车，一路向东。

等到了老家，发现兜里只剩27美分。

他们决定卖回忆赚钱，在狭窄的客厅里，将一路见闻编成了《穷游亚洲》，《孤独星球》自此诞生。

而最早引入间隔年概念的孙东纯，则收获了跨国爱情。

孙东纯曾在印度加尔各答"垂死之家"里当短期义工。垂死的病人，瘫坐在椅子上，眼神空洞，表情痛苦，走廊上总回荡着哭叫声。

他和一位日本姑娘一起，每天为病人洗衣服、洗盘子、剪纱布，皮肤被南亚的阳光晒成了古铜色。

后来，在恒河畔通往火葬场的路上，趁着灯光昏暗，孙东纯鼓起勇气，第一次握住了姑娘的手腕。

生死间的浪漫别样动人。

多年后，还在上大学的吴小凡受这个故事启发，也奔赴加尔各答。

亲眼见到临终者惨状，她的浪漫情怀被无情打破。第一天工作结束之后，她一遍一遍地问自己，还能不能坚持下去。

她在"垂死之家"待了半个多月，最初抑郁失眠，后来用笑容给临终者以安慰。她终于明白，每个人在间隔年都有不同的收获。

当然，并不是所有的间隔年都很美好。

知乎上一个匿名答案说："两历间隔年的主要收获：1.平常没毅力做的事情，别指望休息时会做。2.旅行的收获其实是没用的。"

这个回答获得了2888个赞。

孙东纯这些年收到了许多倾诉困惑的邮件。他发现许多人走了一圈回来大呼上当受骗，感叹间隔年并不是想象中那么回事，既没有艳遇，也没有出版社青睐自己的书稿，更没有公司因为自己的间隔年经历而在面试时对自己另眼相看。

他觉得，不一定每个人都需要间隔年，许多间隔年的感悟或许可以通过其他方式得到。

"如果有许多东西放不下，不上路又何妨？"

移民真相：每一份自由，都有价码

▶ 每一份自由，其实都标好了价码。

一

移民美国的第一夜，白丽被漫天星斗所震撼。

不同于北京那混浊阴郁的夜空，加州星空上，每一颗星星都如珠宝点缀。

邻居告诉她哪颗是木星，哪颗是火星，并描述了流星雨出现时的壮观。

生活如她所料般展开。社区内的别墅总价大约为300多万人民币，产权永久。社区道路两边都是参天大树，且开车半小时就能看到水质清澈的湖泊。

社区里的美国人到了周末，不是划船冲浪就是远足露营。一家人开着越野车就出发了。车顶绑着皮划艇，车尾塞着自行车，车窗中猫狗兴奋地向外探头。

加州终年阳光明媚，雨水极少，还拥有数百千米海景无敌的海岸线。洛基山脉曲折蜿蜒，处处是免费的大公园。

然而，白丽很快就感受到了美好生活背后的高额代价。

美国房产税为1%~3%，各地征收标准不同，征税频率也不一样，如费城每年一次，加州每年两次，新泽西州则每年四次。

一栋价值100万美元的房屋，在西雅图每年须缴纳1万美元房产税，曼哈顿区则需3万美元，相当于每33.3年，就把房子重新买一遍。

在曼哈顿，90%的居民一辈子租房，因为3%的房产税让人难以承受。

对于移民而言，购房之前，还须支付律师费、勘察费、房屋检测费、房屋估价费、登记费和预缴所得税等。

如果想将房产出租，还须缴纳管理费和租金个人所得税。出售房产还得支付资本利得税、交易税及其他费用。

倘若后代想继承房产，超过6万美元的部分要缴纳35%~40%的遗产税，隔代继承还要再加50%的税。

一旦停止缴税，房子产权就归政府所有，政府有权将房产置留或拍卖，之前已交的房产税一分也不会退。

任何美好，都需要燃烧积蓄来支撑。

白丽的朋友，一位中国移民的女白领，住在旧金山湾区。

她一周须给自家草坪浇3次水，每次25分钟，天气热时隔天一次，一个月下来水费100多美元。施肥和杀虫时须雇佣人工，一年6次，每次150美元左右。每年仅草坪维护，费用已是过万人民币。

高昂人工费用之下，她选择自己动手，经常一下午都花费在割草上。即使如此小心翼翼，少浇一次水或少施一次肥，草坪很快就会枯萎。

如果放任草坪不理，很快就会收到政府的警告信。在那里，庭院草高于10英寸都属违规行为，会被邻居投诉。

移民前，在自家草坪上看书喝茶是梦想，如今，她宁愿将草坪换成水泥地。

二

白丽来美国前，朋友就已叮嘱：尽量少生病，尽早买医疗保险。

一方面，美国医保尽显人道光辉，任何65岁以上的老人、残疾人及收入低下者都能以很少的花费就医。

然而，另一方面，美国医疗费用昂贵世界闻名，均次住院费已超过18000美元。

一位中国移民在夏威夷钓鱼时划破了手，去一家公立医院急诊室等了两个小时，伤口缝了一针，打了破伤风针剂，最后医院收费2500多美元。

半年后，医院又寄来600多美元的账单，说急诊室医生不属于医院员工。

哈佛大学一项研究表明，美国78%的个人破产源于付不起医疗账单。付不起医疗费的人，信用将严重受损，生活举步维艰。

美国还有令移民倾心的教育福利。如全美所有公立学校从小学到高中一律不收学杂费，也相对没有学区房的困扰，国家化的教育理念更远胜许多中国学校。

然而，美国公立学校教育质量并不均衡，学生生源复杂，校园霸凌事件同样存在。私立学校的学费一年数万美元，和国内的国际学校收费水平相当。

移民的中国人，往往忽略一个事实：在美国，所有能享受到的福

利，都与高税收挂钩。

房屋有房产税，工作有收入税，送礼有赠予税，遗产有遗产税……

曾有两位税务律师相恋多年，却一直同居而不结婚，因为婚后两人每年要多交5万美元的税。

"唯有死亡和纳税无可避免"，曾经的美国国父之一富兰克林说。

三

移民到美国的中国中产，感受最深的就是你的隐私和生活方式，无人干涉。

中国移民开始迷恋上打猎和荒野探险，事实上，其背后何尝不是无法融入美国圈子的无奈。

一对移民美国的中国夫妻依然记得他们初到美国的情景：

移民手续通道前，一男一女移民局官员闲聊着，丈夫按指印时，男官员扳起他的下巴，让他脸朝天。

妻子斜眼看见男官员对女官员耸眉，才知道被戏弄了。

那一刻她深知，即使拥有了美国绿卡，他们也不过是长期居住在美国的外国人。

而在华尔街工作的移民，遭遇各种瓶颈并不新鲜。

调查显示，亚裔人群中，约1/4受访者认为自己在职场上无法更进一步。

美国企管中，不同种族的位置如同金字塔，亚裔大多处于底层，少数处于中间管理层，更少数进入领导层。

他们称之为竹子天花板。相对于看不见的透明天花板，"竹子天花板"看得见却很难逾越。

比职场受阻更可怕的是孤独。

有人感叹，在国内建立了十多年的人脉和事业，中年移民美国后，一切被连根拔起。

美剧里的美国，只是一个孤独的幻象。

美国不是拉斯维加斯，处处不夜城。大部分美国城市没那么多餐馆，没那么大的中国城，没那么多购物中心，也没那么多繁华的夜晚。

你要学会一个人做饭，一个人吃饭，一个人自娱自乐，朋友不是随叫随到，因为每个人都忙着自己的事情。

"照片是会骗人的，只展示生活中最美好的部分。而真实的生活中，大部分时间我都是闷在家里，你会发现，国内的生活要远远热闹有趣得多。"

有人漏夜下西洋，有人风雪归故乡，我们所求的，其实不过是最自在的生活。

这个时代最好的自我投资

▶ 写作，是向这个世界最好的表白。

一

很多年前入行时，我学会一项特殊技能：在黑暗中写字。

深夜采访时，写字环境大多光线幽暗或没有光，比如矿难守夜时的山坡，凶案现场边的小巷，以及星夜在京郊山路奔驰的老旧出租车里。

漆黑的夜色在车窗外飞掠而过，山岭恍如巨兽。

那些在黑暗中潦草写下的文字，大多是采访获得的关键信息，如尸体的朝向、遇难的人数，以及官员向随从低语时泄露的字句。

后来养成了习惯，有光时也多用盲写。采访时机稍纵即逝，很少有工整记录的时间。

最开始，那些记录写在采访本上，后来出于暗访需要，就写在纸条上。一次暗访黑工厂时，见闻写满了白加黑的药盒。

后来，采访记录变得越来越简单，只留下核心词。从现场返回报社的路上，这些核心词开始散发因果的气息，故事雏形在脑海中生长。

等待传版的卫星和咆哮的编辑，不会给拖延症任何机会，**我和伙伴们须在最短时间内，用最清晰的结构，讲述一个精彩故事。**

这成为一项特殊的训练，夜以继日。有关写作的系统方法，在实战中慢慢成形。

成为特稿记者后，报道舞台从北京城拓展到全国，经手的故事也越来越复杂。

我面对的是更为幽深的暗夜。

那些隐藏在灰色冰面下的庞然大物，潜伏在时间角落中的丑陋真相，大公司间的诡诈暗战以及画皮包裹下的真实人性，每一次调查或观察，都反复锤炼着讲故事的技巧。

而这些故事，我讲了十二年。

二

十二年间，我带队去过汶川、玉树和雅安的地震现场，跨国直播过曼德拉的葬礼和MH370失联事件。我在这混沌世间奔波行走，记录着种种悲欢。

纸媒、门户、新媒体如同走马灯般在眼前闪过，新时代摧枯拉朽般到来，时代的脚掌碾碎许多规则，所幸会讲故事的人依旧有市场。

在《京华周刊》，在搜狐，在美团，以及现在的"摩登中产"，我一次次从零开始，组建内容团队，把在暗夜中总结出的写作方法讲给年轻的伙伴听。

它不光是一种写作方法，更是一套清晰表达的方式。

我一直相信，每个人都有优秀的内在，只是许多人不知如何表达，从而令明珠蒙尘。

我和小伙伴们说，你们或许不会永远做记者，但掌握了如何表达，便意味着随时可以向别人展示最好的你。

写作，就是向这个世界最好的表白。

三

写作是一门古老的手艺。

创办"摩登中产"后，我们一直遵循讲故事的规则，在这个喧嚣时代，尽量放慢倾诉的节奏。

同时，我们又在加快进化的速度，吸纳有关新媒体的一切，并加入写作方法论。

常有同行和我追忆过往，感叹传统媒体荣光不在，而这个时代，媒体的门槛似乎太低。

然而我觉得，这恰恰是新媒体时代的公平之处。

每一个个体都有表达的机会，都能展示自己的品牌，并有可能通过写作，提升人生的品质。

在改变命运的手段中，写作，一直都是低成本的逆袭手段。

通向财富自由的特殊门票

▶ 在这个快速迭代的时代，稳健才是长久的主题。

一

黄昏时分，领主走上城堡的露台。

露台之下是一片草坪，青草在风中俯首帖耳，仿若臣民。草坪之外的领地深陷暮霭之中。

在很长的岁月里，领主眼中的世界，只有这片草坪。

在中世纪的欧洲，草坪是身份的象征，也是贵族圈炫耀之物。

草坪翠绿齐整，说明领地平安无事，领主尚有闲情料理；草坪焦黄颓败，往往意味着领地内狼烟将起，大厦将倾。

柔弱的青草，抵御不了狼群，阻挡不了铁骑，却能炫耀财富和划分阶层。

资产阶级大革命打倒了王公权贵，草坪却流传下来，变成富足的象征。

西方中产家庭的标志，往往是独栋别墅和别墅前的翠绿草坪。

阳光柔软，草坪上幼儿蹒跚学步，宠物欢快奔跑。

在中国，北、上、广、深等大城市内，无数年轻家庭并没有地方种植青草，但心中都藏着一块草坪。

他们是中国新中产阶层，那片草坪意味着他们对幸福的定义：富足的生活和独立的空间，与贫穷和流离隔绝。

这是一个数量庞大又先天孱弱的群体。数据显示，中国中产阶层人数将在2020年达到7亿，成为中国社会的主流。

然而，对于第一代新中产而言，过往得来不易，前路风雨难测。

北、上、广、深的第一代新中产大多出身城镇和农村，少有家族的力量可以依靠。

他们中的许多人都是靠读书改变命运，靠高薪积累财富，如蒲公英般落到大城市后，开始努力扎下根须。

他们一直追求生活的稳定，但时代并不给他们喘息的空隙。

他们如同在冰面上奔跑的雪狐，龟裂声不断传来，他们只能发力狂奔。

他们焦虑于知识迭代，担心无法应对科技巨变；他们焦虑于教育传承，担心下一代竞跑落后；他们焦虑于中年危机，担心变成油腻平庸的中年；他们更焦虑于阶层滑落，担心丢失他们的草坪。

人工智能浪潮已雷声隐隐，时代潮汐分化出无数细碎的方向，对未来迷茫是他们最大的焦虑。

然而，剥离这些表象，你会发现，所有焦虑归根结底都是财富焦虑。

高端知识的获取，需要财力支撑；文艺修养的提升，需要财富护航；教育资源的比拼，未来生活的保障，归根结底，还是要靠财富。

这并非拜金，在巨大城市中维持优质生活运转，每时每刻，都是成本。

第一代新中产大多是"70后"和"80后"，他们中许多人喜欢黄家驹的老歌，"原谅我这一生放荡不羁爱自由"。

然而他们心知，你拥有多大的自由，取决于你积累了多少财富。

二

第一代新中产，大多无暇做细致的人生规划。

他们刚刚适应改革开放近四十年的时代激流，又仓促地迎接波澜起伏的科技未来。

所有计划，似乎都比不上变化。

然而，混乱逐利的时代已经结束，稳健成为新的时代主题。

你的新版人生计划书将改变你的职场、你的生活以及你的财富。

过往，我们其实疏于规划人生，更不习惯规划财富。

过去，大众获取财富的手段单一，财富增速稳定，时间即可以造就中产阶层。

然而，随着信息爆炸，越来越多财富机会出现，个体的财富增速不再相同，差距越来越大。

对于机会的把握，决定着你是否能留在中产阶层，是否能向上跃迁。

沙洲上的候鸟群，在地面上慢速踱步时，所有鸟儿都气定神闲。

然而，当迁徙时刻来临，先飞者一飞冲天，落后者慌乱振翅，焦虑感自然就会产生。

捕捉财富机会成为中产阶层必备的技能，然而随着混乱时代的结束，新时期风口的机会正在被垄断。

2017年10月26日，瑞银和普华永道发布了《2017年全球亿万富豪研究报告》，全球新增的亿万富豪中有3/4来自中国和印度。

亚洲平均每两天就要诞生一位富豪。

富豪们霸占着信息链顶端，审视和筛选着投资机会，蚕食着下游的财富。

当中产们为银行年化收益率5%左右的大众理财产品抢得焦头烂额时，富豪们的投资回报至少以年化收益率20%起步。

这是一场天然不公平的竞速游戏，想达到同一起跑线，你首先要获得一张前往信息源头的门票。

参照许多投资机构和私募基金的规定，VIP客户准入门槛为500万。这可粗略定义为财富游戏门票的最低票价。

至此，新中产通往财富自由的道路可拆分成两个阶段：先获得一张价值500万以上的投资门票，再搏杀于高端投资游戏。

然而，获取门票谈何容易，那些已占据信息链顶端的人，经历很难复制。

20世纪90年代下海经商，千禧年前后网络创业，四五年前布局移动互联网，他们财富的每一次突变，无一不暗合大时代的节拍。

然而，随着信息不对称逐渐被消灭，被时代垂青的幸运儿正不断减少。

对于普通中产而言，寄望于财富突变已不现实，只能寻求大众投资渠道。

在中国，最常见的投资渠道，无外乎股市和楼市。

中国股市无须多言，在二十余年的历史中，浓缩了股民太多的悲欢离合。

那条贯穿时光、跌宕起伏的曲线，眷顾的只是极少数人。

相对于股市，楼市更受国人宠爱。

2016年，中国个人财富规模达126万亿人民币，位居世界第二，其中40%的财富都投向了房地产。

然而，在2017年，楼市风向急转，在最严厉的监管下，炒房客和投机者已无空间。

这就是当下的现状，股市熊息粗重，楼市租赁当先，中产想获取投资门票，理财是最稳健的手段。

对于无数新中产而言，新时代的新任务就是要重新定制人生。

制订一份财富计划书，全力获取那张宝贵的门票。

三

在中国，中产制订财富计划时，时常会陷入两个极端：一为盲从，一为自负。

盲从者往往会过度信任民间理财偶像，迷失于一个个财富神话。

从最早的温州炒房团团长，到QQ群时代的股市带头大哥，再到如今各路微博大V，盲从者不愿深入思考，更愿跟风执行。

他们跟随各路大神，投身拥挤队伍中，在黑暗的草丛中跋涉，并不知前方是宝藏还是泥沼。

盲从者不会把最终的失败归结于模式，而常归结于遇人不淑。

他们更换着一路又一路大神，跟随着一个又一个套路，不知不觉中成为棋子和炮灰。

与盲从者相反，另一类中产人群对所有理财专家皆不信任，他们事必亲为，从而走向极端，成为自负者。

自负者认为理财只是简单的数学游戏，寄望于快速自学成为高手。

然而，他们并没有足够的时间搏杀，也没有足够的经验积淀，在信息分析和行业理解上与专业机构相差甚远，如同孤身摸索于荒野。

无论是盲从还是自负，都不可取。中产阶层理财的核心理念，其实只有一条，就是严格控制风险，追求中长期稳健的投资方式。

巴菲特最著名的三句话是："第一句，永远记住保住本金。第二句，永远记住保住本金。第三句，永远记住第一、第二句。"

重新审视我们能接触的理财产品：网贷产品良莠不齐，风险过高；余额宝类货币基金虽然稳健，但收益无法赶上通胀增速；股票瞬息万变，须花费大量精力分析，进场者亏多赢少。

比较之下，公募基金相对符合中产节奏。

万得资讯（Wind）数据显示，2005年至2015年间，公募基金只有2008年与2011年亏损，其余九年收益率都为正，收益率为正的年度占比为82%。

这意味着，持有公募基金满一年，赚钱概率是82%。

然而，实际中并非所有人都是胜者。

许多中产在投资时缺乏长远规划。他们只关注眼前的输赢，只听得到蛊惑的噪音，却没有从更广的视角规划人生财富。

中国市场上有4000多只基金，中产们急躁地买入明星基金，亏损后又慌张离场，高位时贪婪，低位时恐慌。

这时，或可借鉴美国中产的经验。

20世纪80年代起，美国推行了一项名为401K的全面养老计划，其间参与计划的雇员，其账户资金都以基金组合的方式进行投资，获取最终收益。

这是一个漫长又稳定的计划，整整改变了几代美国中产。

数据显示，美国60岁左右人士，三十年前通过基金组合的方式投资，平均资产达27万美元。

美国资产配置策略过去一百年的历史数据都有迹可循，于中国而言，大环境不同，无法生硬照搬，但其稳健理念值得借鉴。

基于稳健出发，时间便成为最重要的维度。

唯有时间能洗掉所有的神话，也唯有时间，能让我们翻越山丘，抵达最终目的地。

Chapter 2

城市囚徒

城市囚徒

▶ 当潮水退去，炒房客成为二、三线城市的囚徒，而真正的冰河期还未到来。

一

粗重的铁索沉入浊黄的江水，江面上汽轮破浪而行。潮湿的雾气在江畔弥漫，雾气中，楼影幢幢。

这里是山城重庆，一项纪录让它足以自傲：此地房价，十年未涨。

也正因为此，它成为炒房客最后的猎场。2016年冬天，北上广和江浙的炒房客在扫荡杭州、血拼成都后，向西杀入重庆，将其视为决战之地。

在上海炒房客云集的水库论坛上只有两个版面，一个叫主版，一个叫重庆版。与之相对，重庆本地论坛则发帖"炒房客来了有猎枪""让重庆成为炒房者的地狱"。

诅咒不幸应验。重庆阴冷的冬夜漫长无期，接连的调控政策让炒房客成为山城的囚徒，刑期未知。

悲观的论调在炒房客QQ群中弥散，江湖前辈出言安慰：这一次远没到2008年的程度，只要愿意降价，肯定能卖出套现。

然而，一、二线城市透出的寒意正宣告着这一轮调控的不同寻常。

在广州众多与炒房相关的金融公司门前，投资者累月蹲守，担心平台跑路。

深圳一家专门炒房的私募基金负责人则坦言，目前已无米下锅，生存或死亡，一切取决于调控的力度。

2016年，深圳时代广场豪华写字楼内，曾挤进八十多家房产投资和担保公司，而今许多公司已撤离，留下满地狼藉。

同样的寂寞也在济南经七路不动产服务大厅滋生。2016年10月，大厅内塞满了躁动的人群，服务器一度累得瘫痪。

而今，喧嚣沉寂。2017年年初，一位年轻的济南炒家好不容易才为手中新购的300万房产找到买家，对方最后却因限购升级而失去了购房资格。

每月一万多元的房贷让他喘不过气来，"本想赚个快钱，结果炒成房奴了"。

2017年2月下旬，炒房客登上了央视新闻。

镜头前，一名留学归来的上海白领讲述着他通过炒房两年间身家从100万暴涨至5000万的传奇。

像他这样的投资客曾一度占深圳购房者人数的四成。2016年10月，深圳出台严格限购的政策，成交量大幅下滑。

"如果你每个月没有20万进账的话，就有断供的危险"，他选择将三套房子降价出售，并愿意承担部分税费，只有这样才能"比别人卖得快"。

逃亡在静默中开始。新闻传递出明确信号：炒房者退场的时刻已到。

比新闻更敏锐的是微博上的大师们。大师们早已不鼓吹房价上涨空间极大，口风已变为：见好就收，学会等待。

二

相比于历史上的几轮炒房潮，这次热潮中豪客的身影寂寥，更多的则是怀揣财富梦想的中产家庭。

热潮之初，开场者依旧是一掷千金的富豪。

传闻"合肥炒房团在一个项目上买走50套""郑州富豪炒房团空降西安""江浙炒房客豪掷9800万一次性在成都购房60套"，然而，这些消息很快被证实为开发商的炒作。

随着房价激涨，财富神话开始扭曲变形，越来越多中产阶层加入炒房阵营。

他们并非想通过炒房暴富，更多是想为财富增值寻找出口。毕竟，不断增加的货币正在造成存款持续缩水。

上海一位女白领为炒房背上了630万的贷款。为了她的炒房计划，父亲与母亲离婚，净身出户，硬生生为她腾出了首套房的操作空间。

她对房价满怀幻想，并不担心断供危机，"只要敢下赌注，没有什么不可能的"。

赌徒的心态最终蔓延为群体情绪。

2016年5月20日，2000多名炒房者云集南京疯抢了440套房子。那天南京阴云密布，细雨连绵，但来自北京的炒房客依旧将其视为好彩头：下雨好，来财。

在他们眼里，炒房就是战争。

中秋节前，深圳炒房客召开了一场备战会，十几个人围着一张杭州地图不断圈定准备下手的重点楼盘，还有人拿出小本标注。

此前有人提议边喝茶边讨论，结果遭到集体炮轰："这是战前，喝茶浪费时间。"

其实，G20峰会刚刚结束四天，深圳炒房团就光顾了杭州，他们下手果断，从不纠结。其中一个不足十人的深圳小型炒房团一口气抢购了近30套杭州房产。

杭州限购前一天，一位发觉"势头不对"的深圳母亲独自抱着一岁的孩子，怀揣着存有180万的银行卡冲到杭州，在业主不断加价的情况下买了两套商务公寓。这成为炒房团内部的佳话。

一切动作在财富梦想中开始变形。在2015年一年间，深圳的离婚率增长了45%，其中掺杂着许多为炒房而假离婚的夫妻。

2016年9月，一位买下3套房产的炒房者在售楼处交首付时一口气刷了48张信用卡。虽然规定只能刷两张，但只要交了80元的刷卡金后，他可以"想刷多少刷多少"。还有人不惜借高利贷支付首付，"房子一出手就全收回来了"。

那些二、三线城市的原住民愤怒地注视着蜂拥而来的炒房客，对直线上涨的房价抱怨不堪。

当然，也有人翘首以待。

距离北京不到八十千米、房价一直尴尬不涨的涿州在2016年秋天终于迎来了大涨。

涿州贴吧里的网友们兴奋留言："炒房的终于炒到涿州啦""赶快把房子卖给那些傻子"。

三

据 2012 年的调查显示，在中国个人资产在 600 万元以上的高净值人群中，除去金领和企业主管后只剩下两类人：炒房者和职业股民。

楼市、股市的交错起伏是中国经济最真实的缩影。炒房客既是风云际会的弄潮儿，也是退潮后暴晒于沙滩的鱼脯。

2001 年，150 多名温州人坐满了三节火车厢，他们浩浩荡荡专程来到上海买房，先后以 5000 万和 8000 万的成交量撼动了上海楼市。

他们带着粗大金链，手里拿着大巴车上发的面包，豪奢中透着精明。传说，温州炒房客的行李箱中装着几百万现金，看到合适的房子就一栋栋买。

在鼎盛时期，温州百强企业榜单上有近半的企业家醉心于房地产游戏。有人赚得盆满钵满，有人输光老本。

有传言称，一个温州炒房客在北上广等多个城市买了 127 套房子，被牢牢套住，最终跑路。还有一些跑不了的人选择了跳楼。

2004 年，深圳有一位传奇炒房客，他手握近 70 套房产，身家过亿。但他因误判 2008 年楼市行情，抄底抄到了半山腰。此后数年，他期盼的回暖并未到来，不得不将 1 亿多元的房子全部卖掉，亏了 5000 多万。

这位叱咤风云的炒房客没能等到 2016 年，在 2015 年黯然返乡。深圳留给他的唯一纪念是一个归属地为深圳的手机号码。

或许，前辈们的昨天将是新一代炒房客的明天，而等待他们的冰河期也许更长。

数据显示，2020 年中国将迎来人口峰值，这也意味着在那之后许多年，房产市场将等不到新的房客。

　　当然，对于信仰中国房价的炒房客而言，这些都是浮云。已有炒房客开始真正考察重庆的居住环境，做好移居准备。

　　房子总算又回归为房子。

　　2016年深秋，重庆迎来一位特殊访客，76岁的牟其中出狱后来这里拜祭父母。

　　传言，他在北京门头沟有264套房产，市值10亿。

　　这位中国最传奇的炒房客看向坟头的墓碑，碑上刻着六个字：这里通向世界。

一位传奇炒房客的死亡

▶ 此时，铜锣湾避风塘的私人游艇上毒气弥漫，"神童辉"恍惚中看了一眼香港，高楼下是一片白骨。

一

他的名字隐藏在不知名网站的资讯角落里，归类是明星艳闻。

在他名字旁边，飘浮着《传奇》屠龙宝刀和视频聊天室的广告。

误入者匆忙关闭页面，少有人会注意"罗兆辉"三个字，更少人知道这曾是香港最闪耀的名字。

1978年，年仅14岁的罗兆辉孤身来到位于尖沙咀的重庆大厦，从此登上了香港最混乱的舞台。

彼时，他刚从圣若瑟英文中学退学不久。因为同学诬告他偷T恤衫，老师偏袒对方，他一怒辍学。

彼时的重庆大厦还未因王家卫的电影而声名大噪，来自一百多个国家的数千名租客杂居在阴暗的楼宇中，楼道里蒸腾着最真实的香港味道。

在这里，西装革履的掮客吐沫横飞，发鬓凌乱的妓女倚门浅笑。

入夜，更有古惑仔持枪乘梯，枪管幽蓝反光，告诉你什么叫"龙蛇混杂、九反之地"。

罗兆辉蜷缩在这片黑暗森林中的某张床铺上，脑海中只有明日的生计。

他当过保安，搞过推销，做过杂工，"只要有钱开饭，什么都能干"。14岁时，他已能操着蹩脚英语拦住老外，帮大厦里的妓女拉客。

他在江湖最混浊处挣扎求生，与三教九流周旋自如。

一次，他为一名地产经纪人订西装时见西装笔挺，心生艳羡，继而开始关注地产行业。

1985年，21岁的罗兆辉成为地产经纪人。

当年，香港楼市一片红火，市民通宵排队购房。罗兆辉发现，这职业简直是为他量身定制的，他的过人口才让他如鱼得水。

离开尖沙咀后，他去了中环，在中环国际大厦的满通地产上班。

满通专门收旧楼资源，需要搞定啰唆的住户。出身重庆大厦的罗兆辉最会哄人，把居民哄得高兴，房自然就卖了。

仅一年时间，罗兆辉便升至经理之位，公司派他专攻豪宅贵客。命运用神笔在墙上为他画了一道门。

他的人生就此转变，开始出入富豪的社交圈。此时，他认识了生命中最重要的贵人——香港教父级大亨刘銮雄。

1985年，人称大刘的刘銮雄已经是实业上市公司的老总，身家数亿，江湖人称其为"股市狙击手"。

两人如何相识已不可考。坊间流传的说法称，罗兆辉很聪明，托人打听到刘銮雄喜欢古董，于是倾尽二十多万积蓄买古董送大刘作生日礼物。

当年，港人月收入不过两三千港元，对罗兆辉而言，这是他人生中的第一次重要赌局。

他赢了。传闻，大刘对送古董的地产经纪人感到好奇，"下次吃饭叫他一起吧"。

此后，他又通过刘銮雄认识了郑裕彤、杨受成等顶级富豪，人脉越来越广。

1988年，罗兆辉自立门户成立黄爵集团，专门替相熟的老板打点炒楼业务。黄者极尊，爵者极贵，罗兆辉对未来充满野心。

很快，他成为当时香港最成功的炒房客。1988年，他与人合伙买下十个商铺，然后分拆出售，赚了第一桶金——700万港元。

此后，他以短线炒房的方式搏杀于江湖，财富如滚雪球般增加。

1991年，重庆大厦遭遇火灾，业主郑裕彤有心出售。郑裕彤与刘銮雄是老友，在刘銮雄牵线之下，罗兆辉决定操盘此事。

最后，在刘銮雄支持下，罗兆辉以1.4亿港元买入重庆大厦商场，用最极端的方式衣锦还乡。

他一笔抹掉重庆大厦的过往，将其改名为意法日广场，并投入2000万重新装修。

一年后，罗兆辉将其卖给力宝和明珠兴业，净赚5.4亿港元。

这一年，亿万身家的他才27岁。他成为全香港的宠儿，并得外号"神童辉"。

二

27岁，春风得意马蹄疾，整个香港都是他的赌场，一座座楼宇就是他手中的筹码。

1994年，罗兆辉收购了香港著名的中药材集团"东方红"，一跃成为上市公司的老板。

1994年至1996年是香港房价腾飞的节点，也是罗兆辉炒楼炒股的巅峰。

仅1996年一年时间，他就在刘銮雄、郑裕彤等大亨的支持下，接连参与了多宗大型交易，总额超过33亿。他的身家也一度高达20亿。

他开始仿效大佬们的生活。

刘銮雄喜欢收藏，曾花4000万港元拍下二十个车牌。罗兆辉也效仿他，花400万港元买下"71"号车牌。

刘銮雄纵意花丛，罗兆辉也不甘落后，常约大牌港星饮酒取乐。

他曾斥资上千万买下浅水湾道的豪宅，并将部分产权赠予了出演《百变星君》的新加坡女星孙佳君。

为捧大哥的场，罗兆辉曾一掷千万请大刘的好友李嘉欣拍广告。

他在镜头前满是得意，"现在电影市道这么差，明星都没工开，请得起女星拍广告的，只有我同谢瑞麟！"。

大亨们爱玩的名车、游艇、豪宅等，罗兆辉也统统都有。最风光时，他拥有劳斯莱斯、总统、法拉利等十多部名车。

他花费400万美金定制了一条二十多米长的豪华游艇，停泊在铜锣避风塘中。

他给游艇取名"Miracle"，译为奇迹。他坚信，他会一直是奇迹的主角。

1997年，香港楼市陷入疯狂，香港人相信"大陆一定会接盘"，于是不吃饭不买衣服都要供楼，有的楼盘甚至十度转手。

罗兆辉决定购入地产公司国际德祥，希望借壳上市，荣升为地产超级大佬。

此时，因炒房规模过大，罗兆辉公司的物业负担已超过20亿。而为买国际德祥，罗兆辉孤注一掷，将东方红公司的股票押在银行套现。同时，他还将国际德祥拆分转售给其他买家，众筹资金。

岂料交易过程中香港楼市大跌三成，其他买家纷纷退订，他须自己补十多亿元完成交易。

一向笃信"不追高，谁追谁死"的刘銮雄劝他放弃。他第一次和大佬呛声："你是不是不想看到我发达？"

他意气风发，觉得开疆拓土已指日可待。

那年夏日，他与富豪名流结伴出海，刘銮雄、杨受成分立其两侧，周星驰随船出行。

然而，在他目光未及之处，大风暴已酝酿成形，呼啸扑向香港。

三

1997年10月，席卷亚洲的金融风暴让香港的楼市和股市双双下跌。

几乎一夜间，罗兆辉的财富蒸发了6亿港元，他坚持买下的国际德祥更让他的财政左支右绌。

1997年底，罗兆辉难以支撑，将国际德祥和东方红"一铺清袋"贱卖给了"壳王"陈国强。

追债官司接踵而来，大至追讨物业交易的尾款，小至装修房子的百万元灯饰工程费。

罗兆辉一夜变为负资产者，欠债3亿港元，终告破产。

他开始沉默寡言，一度在他的奇迹游艇上闭关六个月，日夜在小黑板上推演快速翻盘的办法，"想练成盖世武功，增加三十年功力"。

然而，一切终归是徒劳。千禧年冬至夜，香港最冷的夜晚，罗兆辉在游艇上烧炭自杀，陷入昏迷。所幸经医院抢救，他奇迹生还。

据数据统计，1997年至2003年香港楼市最低潮时，大概产生了106000名负资产者。1998年，第一例烧炭自杀的案例出现。此后，效仿者越来越多。

侥幸生还的罗兆辉陷入癫狂，时常语出惊人。他比陈冠希更早成为艳照门的主角，并癫狂地自曝名流性事，使一众富豪、明星避之唯恐不及。

他的下颌上生了一个鸡蛋大的毒疮，当年谀辞如潮的杂志嘲笑他长的是"世纪毒疮"。

他曾远避巴黎，酗酒寻欢，还拳打记者。刘銮雄不放心，派自己的红颜知己记者甘比前往探望。

罗兆辉罕见地吐露心声："我孤独这些年，所有愿意同我讲话的人，我都会讲所有东西给他听，当他是朋友，但怎知他们原来个个都当我傻，挑衅我发癫。"

返港之后，他更成为媒体笔下的丑角。媒体对他最详尽的报道，读来也满是凄凉。

他一人行走在佐敦柯士甸道上，身形肥胖，挺着大肚腩，挽着环保袋。他目光呆滞，神情怪异，行人见之惊散四避。

他最终搭乘地铁前往杏花邨站。地铁上，他咬指发呆，身边的大妈满脸厌恶。

江湖已无"神童辉"。

偶尔，他也有清醒的时刻。一次面对媒体时，他用英文说："生命重质不重量，有钱不代表你比较快乐，只是比较幸运。"

后来，罗兆辉避走澳门时又因藏毒被捕，最后落脚东莞。

他选择的酒店名为好运，他最爱说的词叫"东山再起"，他寄望于在内地重写他的地产神话。

2011年冬日，罗兆辉似乎迎来转运。传闻，他早年得意时结交了一位富豪朋友，并赠送其一幅字画。那年冬天，富豪将字画归还，罗兆辉最终将其卖出700万。

他将之视为东山再起的启动资金。2011年1月24日，在东莞常平的一栋律师楼内，他在办理房产物业转让时心脏病突发，猝死。

警方的现场照片显示，一双黑色皮凉鞋里塞着一双暗色的袜子，这是他最后的身外物。

从常平一路向南，跨越山岭与江海，就来到了九龙尖沙咀的重庆大厦前，新的一批年轻人正讨论楼市。

他们踌躇意满，觉得世界尽在掌握之中。

生死别离之际，她买了套房

▶ 此后几经波折，学区房离袁静越来越近了。

袁静和三名身穿廉价西服的地产中介搭乘最早一班高铁从北京杀奔太原。

他们出站后直奔医院病房，进屋后无任何寒暄，中介把合同铺了半张床。病人勉强支起身子，在三名中介的虎视下颤颤巍巍地签上了大名。

归程时高铁没票，一行人登上了绿皮火车。泡面味和汗味四下弥散，袁静挤在过道中浑浑噩噩。

直到中介在耳边说：**"姐，你想过假离婚没有？"**

一

袁静今年28岁，娃娃脸，时常笑颜如花。

她在一家互联网公司供职，儿子已两岁，老公郝帅是北京土著。

结婚后，两人搬进了郝帅父母名下的回迁房。

回迁房在东南五环，四野多是开发商圈起来的荒野农田。从客厅远眺，一片连天衰草。小区门口马路开裂，落雨时就泥浆泛滥。

小区其实就是包装后的农村。有红白喜事时，院子里或是流水席或是灵堂，敲锣打鼓，唢呐声震天。

2015年年底，袁静怂恿老公去说服婆婆卖掉这套回迁房，换套商品房。

郝帅一开口，就被亲妈给堵了回来："你们是觉得还不够住吗？"

郝帅找来纸笔，照着袁静之前给他列的式子，一项一项地在母亲面前计算。首付还差多少，月供如何还，工资涨幅多少，房子升值速度怎样……

郝帅的妈妈将信将疑。最后在软磨硬泡之下，郝帅从自己亲妈那儿借了60万，打了张借条，保证五年之内连本带利还清。

回迁房没卖，夫妇两人最后贷款买了位于东四环的50平方米的一居，总价230万。

2016年7月初，这套房子已涨了90多万。小夫妻大喜，决定继续换房游戏。

郝帅坚持要在东城区买学区房，他觉得孩子也许没学霸命，可学区房总得备着。

夫妻俩有一个模糊的设想，希望孩子18岁去美国念大学，到时全家一起移民。

二

郝帅和袁静用四天时间就选好了学区，周末看到第一套房后就决定签约。

这是一套位于东南二环的60平方米的两居室，要价400万。业主是太原的公务员，正住院做手术。

那时正是北京楼市最疯狂的时候，价格一天一变，袁静决定先买了这套房，再卖自己的房。

为避免夜长梦多，她决定亲自跑一趟太原敲定合同。

订火车票前她问中介，她家这套买了不到一年的一居室能不能提前还贷？

中介听到银行名字后跟她打包票："姐，你放心，我们和他们家关系可好了，绝对没问题。"

可袁静从太原回来后发现，她家的一居室当年买的时候中介吃了回扣，偷换了贷款的支行。事后，人已辞职消失。

现在，这家陌生的银行无人有门路。于是，袁静的一居室卖不了了。

他们只有等到明年2月，等这个一居室过户满一年之后才能重新卖房，但和山西那边约定的过户时间是今年12月底。

卖不了旧房，新房子的首付一下就没了着落，家里的钱周转不开，袁静的焦虑达到顶点。

一天深夜，袁静和郝帅坐在家里的电脑前打开Excel表格，往里面一个一个敲进亲友姓名。

填了删，删了填，最后表里留下了三十多个人名。

第二天，袁静和丈夫照着名单一通一通地打电话借钱。袁静同部门的两个"90后"小姑娘接到了电话，各自答应借她两万。

最焦躁时，袁静想起了在那辆绿皮火车上时中介对她说的话。

三

假离婚成了最后一根稻草。

旧房子归在郝帅名下，袁静用自己的名义买学区房，享受首套房的优惠政策，省下一点首付和利息。

袁静和郝帅分别给两家父母做工作。公公婆婆经历过拆迁，对为了房子假离婚的事儿见怪不怪，没有反对。袁静给自己父母打了一个电话，二老听后也没说什么。

只是半夜，袁静的父亲背着老伴儿偷偷打来电话，对她小声嘀咕："你老公我不是很了解……但无论如何，你一定得把孩子拿住。"

袁静劝慰父亲别多想，但挂下电话后自己不免想起在火车上时中介说的话："假离婚就是离婚，其实和真的没区别。"

中介告诉她，首先得把孩子要过来，这样男方才会出抚养费；其次还可以约定一笔一次性补偿费用，估算男方能拿出多少就要多少。

起草离婚协议的时候，袁静照着中介提供的建议写道：儿子抚养权归女方，男方须向女方提供每月1万元人民币的抚养费和500万元人民币的一次性赔偿。

在一旁看着她打字的郝帅一下急了："你把儿子拿走，还一次性要500万，这是真的不想跟我过了吧！"

袁静一边按着退格键，一边笑郝帅："又不是真的离婚。"

她把每个月的抚养费减了一半，改成5000元，又把一次性赔偿改成了100万元。郝帅没有再反对。

在去民政局办离婚手续的前一天，袁静和郝帅带着孩子照了一组艺术照。在一家三口的合照中，郝帅身着黑色礼服抱着儿子，袁静身穿白色婚纱礼裙，梳着新娘盘头站在郝帅身旁。

儿子笑得一脸灿烂，他们俩的表情却有点不太自然。

当身边的朋友问袁静担不担心弄假成真时，她一脸轻松地说："我老公不敢，孩子和钱都在我手上呢，没什么好担心的。"

"那是你前夫。"朋友笑道。

四

此后几经波折，学区房离袁静越来越近了。

她嘱咐中介告诉太原的业主不必担心首付，但中介带回个消息：业主打算加价30万，不然就违约。

积累许久的疲惫、焦虑和愤怒在此刻全部爆发，她对着电话另一端的中介大吼道："我给你们十几万的中介费，你们给我解决过什么问题？"

"还有，你们转告业主，我一分钱都不会多给。我要上法院告他违约！"

一个月后，袁静在北京见到了太原业主，面对面时她却不敢真的硬气起来。

所有的律师和朋友都劝她说，打官司也有20万的成本，而且一拖拖半年，谁也耗不起。

袁静上次见业主还是在太原的病房里。此时，业主有些秃顶，衣着非常普通，看上去约莫50岁，但实际上只有40岁。

业主向袁静解释道，他现在很缺钱，老父亲去年做投资亏了几百万，儿子准备出国念书也需要一两百万。

还有更惊人的消息：上回他住院那次，一直以为自己体内的是普通的息肉，切了片才知道是恶性肿瘤。

"我就是来料理后事的。"业主低声说。

生死如此之近，也如此随意，袁静一时失语。

业主误会了她的沉默，转而怒吼："我在体制内也混了二十多年，还是认识人的。你不会愿意跟我打官司的，你哪一环没钻空子？我这边搞点材料，你也会很被动。"

同情心一下子被委屈淹没。

半年以来，袁静费尽心机翻过了征信、首套房资格和流水证明等关卡，现在全部变成了对方公然毁约的筹码。

"三十万你可能也拿不出来，就十万吧。房价涨了那么多，我心里也不平衡。你就让我心里好过一点。"业主对袁静说。

眼泪不争气地流了下来，袁静第一次感受到了自己的渺小。无论她如何努力，房子仍像拴在她鼻间的诱饵。

她走出中介办公室的时候，眼泪依然没有止住。

眼前的北京二环上车来车往。她曾经以为只要不断贷款、买房、卖房、再贷款、再买房，就能从郊区挤进中心，过上理想的生活。

而现在看来，总有一些更模糊、更庞大的力量会将她所有的骄傲打翻在地。

经历了疯狂的楼市之后，公公婆婆那边传来消息，让他们卖掉回迁房，然后在四环边上买套600万左右的两居室。到时候，袁静和郝帅总计将背上连本带利1000万的房贷。

袁静心里清楚，复婚的日子是遥遥无期了。而这样的循环，又什么时候才是尽头？

泪别三环，惘然燕郊

▶ "咱们什么时候能买个房子？"

冬夜，侯磊站在北京中央商务区的高楼之间，初雪潮湿且阴冷，楼盘顶处霓虹灯光晕模糊。

和许多人一样，他是过客，不曾拥有这里的任何一平方米。

他曾试图通过买房来改变人生轨迹，然而一系列奇遇后，他体验了楼市所有的悲欢。

对了，我喜欢这个故事的结局。

一

2003年时，侯磊的书呆子气还没那么浓，他的青春故事也与房价无关。

大学毕业后，他供职于北京一家知名的媒体，稿酬多时月收入可过万。

他和初恋女友住在北京三元桥附近，与人合租，房间不足20平方米，但极其温馨。

租住地不远，就在北京三环。三环上车流不息，夜晚时总能汇成璀璨的光河。

青春悠长无期，买房的话题一度离他很远。

2005年时，侯磊的领导准备在三环外的太阳宫买房，打算去银行转账。因为随身带了20万现金，担心被抢，喊着侯磊同行。

当年，北京太阳宫的房价为每平方米6100元。领导看中的户型面积有100多平方米，总价70多万。

侯磊从没见过这么多钱，推着自行车一路冷嘲热讽："70多万买个房子，真傻。"

那时，三环之外尚显萧索，四环之外一片荒凉。唱《五环》的岳云鹏还在饭店刷碗，月薪550元。

微胖的领导不为所动，嘿嘿一笑说："再过十年，就知道谁才是真傻啦。"

领导就是领导，何需十年，侯磊早就双眼红肿，未语泪先流。北京房价，岂容轻视？

2005年的某夜，他和女友在三环边散步。从大学时代算起，两人已相恋八年，双方已互见家长，吃了相亲酒，正在筹备婚礼。

那夜，女友依偎在他肩头，略显怅然地问道："咱什么时候能买个房子？"

他想了想，说："给我五年时间。"

"五年？"女友语气里尽是失望和不满。

许多年后，那一夜的夜色与蝉鸣、人流与面孔都已模糊不清，唯独有关房子的对话清晰如昨。

从那夜起，分歧开始不断爆发。

女友家里希望全款买房。准岳母提出："我女儿一个博士嫁给你，不想让她也背上房贷。"

可侯磊家里拿不出全款，只能贷款。

当年在侯磊的老家河南，房价不过两三千每平方米，北京却要八千元。侯磊父亲当时安慰他："别着急，北京房价一定会降的。"

可是爱情等不了了，争吵和冷战后，2006年两人分手了。

八年的爱情败给了房子。

一年后，他听说女友结婚，而且不久后就在北京买了套房。

房子成了他心里绕不开的伤口。2007年，他下狠心决定买房。

他跑遍了北京周边，却发现再没有当年太阳宫那样高性价比的房子。

挑来挑去，他最终选择了东五环外的常营。

他原本选的是两居，后来发现三居室就贵了不到10万，而且首付不过20多万，一咬牙就买下了三居室。

侯磊感慨，比领导晚买不过两年，却差了整整两环。

后来一个朋友去常营这个楼盘看房时，撂下一句："这鸟不拉屎的破地方，每平方米还要1万，不买了！"

几年后，这位朋友只能去更远的通州九棵树买房了，而且房价已经接近2万。

房子到手后，侯磊第一时间给初恋女友发了个短信："房我买了，可惜你没有在。"

手机一阵沉默，后来她回复："对不起。"

二

如果人生能够剧透，侯磊就会知道，东五环这套房子是他此后十多年炒房生涯中唯一成功的一次房产投资。

买房是他解不开的心结，也成为他想证明自己的方式。

因为媒体人的身份，他与楼市大鳄们多有接触。他曾在好几个房地产论坛上听到任志强口无遮拦地断言：房价不贵，将来会进入5万时代、10万时代，还要涨、涨、涨——没房，滚回老家去！

在与潘石屹公开或私下的交流中，对方都在强调：买房最重要的是位置、位置，还是位置。

2009年上半年，楼市突然出现拐点，房价出现回落。

在那年国庆前后的一次朋友聚会上，一位投资界高人到场。

大家纷纷倒苦水：楼市现在这么不好，手头的钱是买股票还是投资别的？

高人话很少，看似漫不经心地夹了口菜说："别买股票，有钱就去海南多买几套房。"

侯磊听进去了。后来他采访了一位海南地产商，对方还告诉他："买房来找我，我给你打折。"

回家过年时，他向正愁着无处投资的叔伯们显摆，模仿任志强的口吻说："你们有钱吗？赶紧去北京和海南买房，现在是对标美元，对标纽约、华盛顿的房价，根本没到头呢。"

弟弟摆弄着DV把当时饭桌上的情景都拍了下来。叔伯们一脸不屑："去海南买房？你小子在北京待了几年不知道自己姓啥了，胡说八道个啥。"

每当看到那段视频，侯磊心中都会五味杂陈。

过完年没多久，海南房价开始暴涨，从6千涨到了2万。

一个做生意的叔叔找到他："唉，当初真该听你的。"餐桌上那些不屑的亲戚开始崇拜"消息灵通"的侯磊。

2010年春天，侯磊带着叔叔一同参加了北京一房地产展销会。

当时侯磊看好位于东六环的北京像素，房价为每平方米1.3万元，但叔叔更偏向距北京60千米外的涿州。

涿州那处楼盘每平方米仅6000元。广告语令人心动：高铁17分钟到北京。

叔叔陷入狂热："在涿州多买几套，反正未来会涨。"

当年"环北京经济圈"还是一个超前的概念，很多人相信了广告中所描述的，认为这将是一个超越深圳的经济特区。

甚至传言，涿州未来将要划入北京，或者和北京享受同样的学籍待遇。侯磊当时想，以后有了孩子就拥有北京户籍了，上学不再是个问题，多好。

他们当场就坐上了前往涿州的宣讲轿车。两小时的车程后，窗外的景色从大都市变成了"十分钟就能从东走到西"的小县城。

小县城随处可见正在建设的楼盘工地，灰尘漫天。

但坐在车里的炒房者已经开始相信：未来，这里将和北京一样喧嚣浮华。

侯磊选定的楼盘名称中带着"凯旋门"三个字，听着就豪华霸气。

侯磊的叔叔呼唤亲朋，组团买了七八套。侯磊也东拼西凑买了一套。

他还记得黑压压的人群中，售楼经理指着他鼻尖的手指："再不买就没有了啊，你买不买？买不买！"

亲友团的购房手续全部都交由侯磊代办。

一个房子至少五份合同，他一个人签了无数张单子。在外人看来，他就是北京来的炒房豪客。售楼小姐秋波频频，就差问句"您结婚了吗？"。

那种感觉很爽，侯磊说，那是涿州给他的唯一的美好回忆。

三

侯磊曾看中的北京像素如今已经涨到每平方米4.2万，而涿州的楼市热潮却迅速消退。

2010年入手时，每平方米6000多元，到2016年年初，每平方米7000多元。六年间，侯磊家族组团买的涿州房子每平方米只涨了1000多元。炒房成了笑谈。

从高铁生活圈到三国文化旅游，再到张飞酒，涿州楼市几经挣扎却一直未热。

事实上，除了高铁，涿州的公路交通到北京并不方便。

侯磊打听到，当地很多楼盘的配套设施并没有跟上，比如燃气管道，并不符合大城市的生活标准。

一段时间之后，在涿州买房的亲戚们找到他说："把房退了吧。"

"我只是在饭桌上吹了个牛，房价涨了，我得不到什么好处，房价跌了，大家心里多多少少会把原因归在我身上。"

虽然这么想，侯磊还是肩负起家族的重任，开始奔波于北京和涿州之间。

六年间，退房成为他的生活主题。

他有个QQ群，群里是几百位懊恼的房客。大家时常组织线下退房活动，比如组团高呼退房口号，拉条幅，刷标语。还有人起诉开发商，打起了官司。

大家申诉的理由各种各样：物业服务不达标，房屋质量有安全隐患，小区规划与承诺不符，甚至电梯失灵摔死过一名工人……总之，就一个要求：退房。

当年笑脸相迎的售楼经理如今满面愁容。面对找上门的业主，他们表示无能为力。

几年间，售楼中心的领导频繁更换，还有人因压力过大而选择主动辞职。

开发商选择了怀柔政策。当侯磊约好谈判时间从北京赶过来的时候，对方却常常把办公室门锁上，手机也无人接听，"你可能要发几十条短信，打一百个电话，才有回音"。

这是一场考验体力、耐力和意志力的漫长征途。

六年里，因为贷款买房他的工资卡常常处于透支状态，有时用几张信用卡互相填补窟窿，还要跟同事和朋友借钱周转资金。

此外，他还要扛住各种亲友催问的压力。

他算了算，自己在北京和涿州之间一共往返了七十多个来回。

如西天取经般地渡劫后，开发商无可奈何只得松口：每个月只有一个退房名额。

到2016年春天时，侯磊自己的房子已退，亲友团的房子退得只剩下了最后一套。

亲戚说："算了，让它自生自灭吧。"

四

2016年春天，通州房价狂飙，一河之隔的燕郊楼市随之火爆。

侯磊之前那位败走涿州的叔叔也加入燕郊购房大军。

其实几年前侯磊曾看过一处燕郊的房子，当时每平方米9000多元，嫌贵没买，一年后涨到了15000元，令他后悔不已。

这次他又按捺不住跑去看房，自嘲"这叫记吃不记打"。

看房那个早上，售楼处排着长队，门刚一开人潮便试图拥入。

侯磊挤在其中跌跌撞撞，一切如此熟悉。

一个没被叫到号硬挤进去的阿姨被两个人高马大的保安抬了出来。保安训斥道："让你进来了吗，出去！"

说难听一点儿，就像在骂一条狗。

侯磊经验丰富，很快选好了房子，然而付款时却出现了问题。因为涿州退房往事，他曾频繁周转资金，信用卡征信记录里出现了十几条逾期记录，直接影响他办理房贷。

中介告诉他："没关系，我可以帮你解决。"

因为不是首套房，中介还建议他与现场同行的一位亲戚假结婚，然后再假离婚，把他东五环的房子挂给女方，将他伪造成无房者。

"按辈分，我得叫她一声婶。"侯磊说，"她丈夫就在边上站着呢。"

一切都是假的，一切都可运作。摆平征信和办理假结婚，侯磊须向中介支付大约3万元。

然而，在签字的最后关头，侯磊还是放弃了。毕竟，欺骗银行和违背伦理都已严重逾越了他生活的底线。

不久后，燕郊房价从2万多一气飙升到3万，甚至低迷六年的涿州楼盘也在9月份达到每平方米破万。

消息传来，侯磊无悲无喜。

他最终在老家洛阳买了套房子，5000多元一平方米，不会大涨，他只图为爸妈改善一下居住条件。

这一刻，房子终于变回了房子。

蓬蒿剧场

► 在这间特殊的剧场，坐在第一排的观众一伸手就能触摸到演员。

一

黄昏将近，62岁的牙医王翔脱下白大褂离开诊所，他要挤地铁赶往南锣鼓巷。

他头发凌乱，衣着朴素，背个黑色的旧书包，看起来和艺术并无关系。

走出地铁站，逆着人流和喧闹声，他拐进路东侧的东棉花胡同，走过中央戏剧学院的大门后，一条幽深的窄巷便出现在眼前。

巷内藏着一个由四合院改建的小剧场"蓬蒿"——北京第一个民营剧场。

王翔的另一重身份是蓬蒿的艺术总监兼老板。

2008年，为了给蓬蒿选址，王翔在南锣鼓巷挨家挨户地敲门。

四合院内大多住着七八家人，这里支一个厨房，那里搭一个花台，空间凌乱且局促，而话剧则是一件太遥远的事情。

大部分时间里，王翔来不及说话就会被人赶出来。后来他好不容易租了一个四合院进行改造，隔壁大妈光报警就报了三次。

与有关部门周旋了近一年后，蓬蒿终于诞生了。

它不设固定的舞台，五排黑色的折叠座位可以随意移动，全价票也很亲民，只有100元。

坐在第一排的观众伸手就能触碰到演员，演员能听到台下观众轻微的叹气和笑声。

在剧场门口的玄关上，王翔贴了一行金属标语："戏剧是自由的。"

相比不远处肃穆的中央戏剧学院，蓬蒿就像个野孩子。

蓬蒿成了京城戏剧圈的一个搅局者。王翔选戏的标准有三不：不撒谎，不浪费，不装 ×。

它从不上演为赚钱而拼凑的廉价搞笑剧，也没有舞美华丽但空洞无物的文艺戏。

为了解决小众剧目的后顾之忧，王翔几乎不收取场租，而是以票房分成的方式和剧团合作，体制外和国外的戏剧人在这里都能找到落脚之处。

王翔说："艺术不应受商业限制，也不应该为了艺术而艺术。"

二

穿着运动装的顾雷正躲在后台场边竖起耳朵偷听观众的反应。

台上正上演着一对异性老友的久别重逢，暧昧气息正在不断增加，在某一时刻两人似乎出现了要互相表白的苗头，但因为各有家室，两人又在刹那间绷住。

顾雷在心里计着数，在两人绷住那一刻，台下观众区所有的噪声果然瞬间消失，"这是一种很玄妙的体验，你能感受到台上台下联结到了一起"。

顾雷和他的剧团是蓬蒿的常客。

他们的剧团名叫树新风，英文名为"Tree New Bee"，谐音吹牛×。

顾雷认为这名字不够严肃，但拗不过大家，慢慢也就叫开了。

剧团演员的身份五花八门，有创业公司的商务推广、政府机关的公务员、国企的女白领、互联网公司的大客户销售、学校的泰语老师……在剧团的微信群内，类似的演员有一百多人。

很多演员在机关上班，每到周五演出时就各种抓耳挠腮，"现在管得严，他们下午不好请假，有时上场前热身的时间都没有"。

话剧其实挺讲究演前热身的，运动开了后静一静，荷尔蒙水平就会上升，有利于调动情绪。

一场戏前，几位演员穿着老太太的衣服在热身，方式别具一格，"你就看着几个老太太在做平板支撑，特别逗"。

每当看到热闹的后台时，顾雷总感觉温暖又怀旧。

十几年前，他在大学读书时便和朋友排演过话剧，而且参加了北京人艺青年处女作戏剧展，演出还引起轰动，曾登上过《人民日报》。然而，他和朋友却没能进入讲究出身的戏剧圈。

顾雷曾是一家影视公司的副总，熟知如何操纵短片节目的收视率，"日本鬼子的那身衣服就值0.2%的收视率，要想破1%，首选日本鬼子，其次是警察，第三是保安"。

他把对艺术所有的虔诚全部留给了蓬蒿。

"我慢慢发现，许多人心里隐藏着高不可攀的理想，只有在戏里，他们才能痛快地承认。"

这两年，他带着这些业余演员排了两部戏，《顾不上》成了2015年南锣鼓巷戏剧节的开幕大戏，《人生不适情》成了2016年戏剧节的闭幕大戏。

一次，在蓬蒿的演出散场后，树新风的演员们去吃火锅。

外面风雪正盛，大家勾肩搭背地走在雪地里。有女孩高声喊"真他妈爽"，一口气喊了十几遍。

三

蓬蒿剧场其实改变了许多人的生活。

当年对戏剧感到陌生、排斥的邻居们慢慢也加入了戏剧事业之中。

顾雷说，蓬蒿做的其实是群众文化活动，"这本来应该是文化馆承担的事，王翔用一己之力在做"。

八年来，蓬蒿所在的占地400平方米的四合院，房租从30万涨到了93万，票房收入却几乎不变。

前期建设和八年运营期间，蓬蒿已经累计亏损1000万元，全部靠王翔诊所的利润和王翔四处借款进行填补。

政策的变化也让蓬蒿无所适从。最初由区政府主办并出资的"南锣鼓巷戏剧节"从第六届开始政府不再投入资金，200多万的成本改由王翔独自承担。

致命的一击来自2016年夏天，当时北京房价暴涨，蓬蒿剧场因为紧邻南锣鼓巷和曾经的北洋总理府属于黄金地段，租借期满后房东想卖房变现，开口要价4000万元。

王翔咬咬牙，决定把房子买下来。

牙医诊所的现金已经耗尽，为了筹集房款，他将诊所和自己的房产作为抵押，从银行借出了买下四合院的款项。

为了筹钱还贷，王翔开始主动靠近他从前所排斥的商业社交圈。他曾特意赶到深圳，参加一场高级别的企业家年会。

豪华会议中心的宴会厅里，三百多位商业精英西装革履，高谈阔论。穿着白T恤、套着旧衬衣的王翔显得格格不入。

睡眠不足的他匆匆喝了一杯咖啡便登台讲起开办蓬蒿剧场的初衷。

"从2005年到2008年，我发了十几期招聘，也面试不到一个有人文内涵的牙医，我感觉社会出现了巨大的问题……那一年我在北京发了疯似的找这么一个空间，似乎不办这个剧场我可能就活不下去了。"

台下的企业家们热烈鼓掌。

然而，他依然没有拉到一家赞助。

在外人看来，他太过执着，甚至带着一股愚勇，非营利性质的小剧场注定失败。

但王翔执拗，他照旧把筹款日程安排得满满当当。

最近一段日子内，他辗转于非公募基金会论坛、众筹会议和创投圈会议之间，带着一批又一批企业界的朋友到蓬蒿参观。

一个北京冬夜，法国大师比佐的默剧《无声世界四十年》在蓬蒿上演最后一场。

当时票已售罄，剧场门口的咖啡馆内一位女士带着两岁的孩子连续两晚等待着退票。

接待完企业朋友的王翔猛然想起这位女士。找过去时，发现咖啡馆内已经空无一人。

他一直追出胡同，最终找到了母子俩，安排他们上平时不设座位的二楼观看。

他觉得，偌大一座北京城总应该有个这样的剧场，并留给看戏人一个座位。

逃离北上广，只是更焦虑故事的开始

▶ 逃离北上广简单，可后面的故事你知道吗？

一

小雁塔的钟声在城市上空回荡，鼓楼边的巷陌内，胡辣汤的香气四下弥漫。

在熟悉的乡音裹挟之下，黄任有些微醺，他站在泛着白光的马路边，对面他曾经鏖战过的网吧早已化作街心公园。

十年一觉帝都梦，大学毕业后，他从西安去了北京。

一跟跄就是十年，出发时风华正茂，归来时已微生白发。

几个大学室友为他接风洗尘，回忆些往事后便少了话题，宴罢匆匆散去。

入夜，他在租住屋内呆坐，家电尚未配齐，与世界连接的窗口仅剩手机屏。

朋友圈里依旧是北京的花开花谢，他离别北京的那一条信息，早已淹没在信息洪流之中。

他用多条语音描述迁离北京后的最直观感受：孤独，一种被甩出朋友圈的孤独感。

唯一让他感到熟悉的就是，西安也有雾霾，虽然不如北京醇厚。

孤独者何止他一人？在北上广的诸多压力下，陆续有中产离别都市，回家乡省会城市发展。

然而，孤独，只是他们要经历的第一重磨难。

大城市像抽水机般聚拢着人才和财富，逃离了北上广的竞争，也就同样舍弃了北上广的机遇。

在北京工作八年的IT工程师，满怀自信回到家乡所在的省会城市，那里一直在打造"南中关村"，几年来房价借此翻了数倍。

然而，连日下来，他无法找到一份通信方面的合适工作。

最后，一家做点歌系统的小公司给了他职位，开出的薪水是试用期每月3500元，转正后5000元。

无奈之下，工程师改行做了销售。

更多人则遭遇了激烈的价值观冲突。

有人从广州回湖南老家做房地产策划，发现以前拼的是文案，回去拼的全是酒桌功夫。

文案、销售、创意做得怎么样都不重要，只要能签下业务就是公司的英雄。

有人从北京回四川做电视摄像，发现婆媳争斗和小三掐架才是收视率保证，而事业理念是一种奢侈品。老家街坊嘲笑他："还不是跟初中毕业生一样扛摄像机！"

潇洒或悲怆地作别北上广后，返乡的故事其实琐碎平庸。

当然，温暖的亮色也有，比如离年迈的父母更近，物价水平相对较低，房价不再高不可攀。

然而，阔别多年骤然回归，更多逃离者还是有出差的错觉。

北上广是异乡，故乡何尝不是异乡？

二

除却家乡的省会城市，杭州、苏州、厦门、珠海成为热门迁徙地。那里发达的经济和舒适的环境，让逃离者趋之若鹜。

知乎网友们分享着在江南生活的体验：

在南京，你可以花20块买张3D的电影票，30块听一场德云社的相声，虽然表演者里没有郭德纲。

在杭州，你会惊讶，过没有红绿灯的马路时，公交车和私家车会主动在斑马线前停下来。

在扬州，有人每早十点不急不慌地去富春茶社吃富春包子；在南京，有人为一口正宗柴火馄饨六点起来排队……

2015年，一位从北京逃离的金融女白领选择在苏州安家。

她用不到300万买下了工业园区140平方米的房子。房子整面落地窗朝向金鸡湖。

她和我说，她第一次知道什么叫"家里每个角落都是阳光"，整个人都会慢慢松懈。

新家楼下就是国际幼儿园。搬家前，她还租住在北京魏公村破旧小两居里，没有户口，愁上千万的学区房。

然而，比起大城市的光怪陆离、包容万千，这些繁华的小城，也有不够大气的一面。

迁居南京的知乎网友，在咖啡厅用苹果电脑，时常被人调侃："哇，苹果电脑啊，好有钱啊……装 × 利器。"

性格热情的东北兄弟，每当不小心热情过头，都会被苏州同事问："你对我这么好是不是有目的？"

还有人因在新公司表现出色，聚餐时被同事围攻。

有人直言质问她："你是不是想当领导？"现任领导虽在一旁打圆场，事后却没有采用她精心准备的方案，而是自己敷衍一份提交。

她后来发现，本地同事大都家境殷实，上个普通学校也能顺利在本地上班，只想安稳过好小日子，对外来精英则总带着隐隐的嫉妒和敌意。

每当他们聚在一起说着吴侬软语，形成封闭的小天地时，她只能假装淡定，自动屏蔽。

三

还有人逃离得更远。

在海南面朝大海，在大理春暖花开，在泉州惠州偏安一隅，品味鸡汤中的慢节奏，只为孩子一句"原来大口呼吸是这种感觉"。

有人卖掉北京的房子，在大理买了一套能看到苍山洱海的大房子。新房有大露台，以及能躺着看星空的阳光房。

有人从上海第一次来到南方海滨城市。路上只有几个行人过马路，潮湿的海风，温暖的天气，从未有过的慢节奏让人瞬间慵懒下来。

慵懒到什么程度呢？她在知乎上描述，"在海边看人捞了一小时鱼"，一排人跟她一样看了一小时；在机场候机，看飞机起飞和降落，一堆人跟她一起看了一小时……

但看似安稳的桃源，真正生活其间却未必美好。

带着大城市"遗毒"的迁徙者，在这里极可能成为孤独异类。

回归小城的"新媒体作家"，终日淹没在亲朋的麻将声和琐碎八卦中，想象中的小城灵感从未到来，自己反倒一个字都憋不出。

充满知识恐慌的焦虑白领，隐居小地方，往往会陷入另一种慢节奏的焦虑。

漂亮的小城一切都慢，但生活也陷入索然寡味。

小城街巷内，男女们讨论的话题不过是哪里的小龙虾好吃，昨晚打麻将又输了几百块。

有人在小地方的大巴上抗议超载，司机来了句："不愿意就下车。"他扬言发微博，结果车上的人哄笑作一团……

在大城市时，你曾向往小地方浓浓的人情味儿。但当你真的到了小地方，出门买包烟都能碰到三五个熟人时，却总在他们的眼神里看到礼貌和疏离。

在小城，你依然是局外人，更关键的是，你想摆脱的压力，其实如影随形。

我的朋友在雾霾中愤然离京，远赴海南。她的小孩终于可以在沙滩上纵情奔跑。

然而，当学校随意取消孩子的课程，她满心焦虑地打电话询问时，老师却轻描淡写地说："一直都这样，不用管。"

眼前的椰林树影、碧海银沙突然就失去了魅力，她又陷入痛苦的抉择：是不是应该再逃回去？

拜托，请在这个时代击败"螃蟹"

▶ 这是潜伏在生命中的终极一战，也是这个时代最严肃的使命。

一

2016年4月12日，在陕西咸阳，魏则西的父亲拉上了卧室的窗帘，屋内再没有光。

这天上午，魏则西离去。他生前做了3次手术、4次化疗和25次放疗，吃了几百服中药，并在病后遭遇了欺骗和绝望。

在他死后，人们将滔天怒火倾泻于网络，除了声讨虚假广告和始作俑者外，还有将心比心后的悲凉：倘若我们身患癌症，极可能遭遇相同的无奈。

人的一生中有40%的可能会罹患癌症，其中一半的人会因此丧命。

癌症病房里充斥着瘦削的病人、表情凝重的家属和他们所背负的天价账单。

癌症的英文名"Cancer"来自古希腊语"螃蟹"。

在古希腊医生希波克拉底眼中，肿瘤周围血管狰狞，如同螃蟹挥舞的大螯。于是，"螃蟹"成为神秘疾病的代称。

此后两千多年，"螃蟹"一直潜伏在人类生命的末途。然而，受限于医疗水平，少有人发现。

即便在近代，人们最恐惧的依然是号称"白色瘟疫"的肺结核，癌症的名气远在肺炎、胃炎和痢疾之后。

1940年，人类终于击倒了传染性疾病，最终BOSS癌症登台。

潜伏千年的"螃蟹"以其神秘、强悍和百变多姿让刚刚发明了青霉素、彩色胶卷和机械式计算机的人们茫然无助。

随着研究的深入，我们悲哀地发现，"螃蟹"可能从出生之日起便开始潜伏。

在人的一生中，细胞要分裂无数次，每一次分裂要复制30亿组核苷酸序列，每一次复制，会出现大概12万个错误，好在99%的错误基本可被人体修正。

而漏网的1%，有的成为有利的基因突变，让人类进化前行，有的就会演变成"螃蟹"。

如同程序运行久了产生的冗余，如同复印过后的重影，我们运转自如的序列终有一天可能生成纠结的乱码，像命运深拧的眉心。

这是宿命，也是进化的终极谜题。

在洛杉矶、伦敦、东京和北京，白发教授们总喜欢这样鼓励青涩的新人：战胜癌症就意味着战胜死亡。

二

秦汉时中国人的平均寿命是20岁，民国时是35岁，改革开放之初是68岁，而今，男性的平均寿命为74岁，女性则是77岁。

在欧美发达国家，这一均值已提升到82岁，甚至已有学者喊出"全球90岁"的目标。而阻碍数字提升的最大障碍依旧是癌症。

癌症成为人类的生死锁，一代代的科学家成为沉默的砸锁人。

2016年1月，美国开启了一项特殊的计划。

计划名为"癌症登月计划"，地位和我们唯一的一次星际远征相同。

计划主导人是时任美国副总统的拜登。在计划开始的前一年，他46岁的儿子因脑癌去世。

然而在同一年，洛杉矶的一位脑癌患者却幸运地被治愈了。在治疗之前，手术、放疗和化疗对这位患者已经全部失效，癌细胞已发生转移。

医生试验性地为他改造了免疫细胞，加大免疫火力，剿灭叛军。六个月后，肿瘤消失了。

和洛杉矶医生的尝试一样，拜登所发起的"登月计划"也期望利用人体自身的免疫力来击败"螃蟹"。

过去，癌症患者通常要忍受高剂量的化疗和放疗，这些疗法难分敌我，通常会导致人体免疫系统瘫痪。

"癌症登月计划"则让免疫系统变得更聪明，如精确制导的导弹一样，定位并击溃试图逃逸的癌细胞。

在传统原创药物开发中，从实验室到药柜平均要花费12年时间，约要投入10亿美元、700多万个小时、6587个实验和423个研究者，最后才能得到1种药物。

而随着人工智能的发展，这一筛选过程有望被缩短到一周。

目前全世界有超过7000种癌症新药正处于研发阶段，几百年来一直空空如也的癌症药库正不断被新药填满。

团队中包含四十二位诺贝尔奖获得者的美国国家综合癌症网络（NCCN）已经成功做到每半年更新一次诊断治疗指南。

我们在黑暗中奋力奔跑，期待在这个时代找到出口。

三

没人能预测击败癌症的时间，在光明到来之前，我们依旧是生活在"螃蟹"阴影下的战栗居民。

在中国，与癌症的斗争尤为艰难。中国与美国之间在可用药物上有至少3~5年的差距，某些靶向药美国已经有了第三代，但在中国只能合法买到第一代药物。

不少在中国已无药可用的患者不惜花上数十倍的治疗费用前往海外赌最后的生存机会。

美国也曾经是魏则西心中癌症治疗的最后希望。他在知乎上写道："也许我还能中1000万呢，到时候直接到MD安德森治疗。"

目前，位于美国休斯敦的MD安德森癌症中心已收治了上百名中国患者。由于采取预约制，医院的候诊大厅和走廊显得空空荡荡，只有医务人员忙进忙出。

在癌症中心，每个化疗病人都可以享受一个单间，医生会有针对性地选择最有效的止吐药以避免这一化疗常见副作用。

而在中国，医生因为缺少选择只能鼓励不断呕吐的病人坚持下去，直到病人耗尽精力。

2016年，美国癌症治疗的临床试验数量达十万项，为中国的五倍。一些目前没有很好治疗方法的肿瘤患者或许可从试验中获益。

这里已经是人类对抗癌症的最前沿阵地。也只有在这里，人类才会明白自己的孱弱和无助。

最悲哀的论调称，癌症是不可战胜的，因为癌症与生俱来，纠缠在成长与进化之中，是无法割舍的原罪。

乐观的科学家则把视线投向更高层次的进化，比如将人与机械合体，把记忆上传网络，或者干脆将解决出路交给人工智能去思索。

然而，无论是悲观还是乐观，声音总被这个时代的喧嚣淹没。

许许多多人依旧浑浑噩噩地过着人生，猝不及防遭遇"螃蟹"。

我们丈量着学区房的尺寸，讨论着朝鲜导弹的指向，热议着股票的起伏和明星们的心情，却总是忽略什么才是这个时代的终极主题。

当那些吃了芥末的孩子长大

▶ 孩子们尝到的第一种人生滋味，竟然来自一管芥末。

一

2015年5月14日，携程入驻潘石屹的凌空SOHO。

携程花了30.5亿买下近一半的园区。当时谁也想不到，后来涉事的携程亲子园就设在凌空SOHO的12号楼。

签约时，梁建章自豪地赞美办公新址："像火车，像游轮，像纽带，富有创意和互联网精神。"

携程老楼里的办公环境并不算好。知乎上有人吐槽说那里像黑网吧，一个个拥挤、灰暗的格子，一推门浊气逼人。

新区装有新风过滤系统，明显上档次。携程把核心团队都搬进了凌空SOHO，入驻员工超万人。

每日，这些员工从外环外或中环内出发，乘地铁、公交或私家车赶往新区，最后填入充满未来感的大厦内，成为一台庞大机器的螺丝或齿轮。

他们中的年轻人多为名校毕业生，资深者也有漂亮履历。能进入这家创立十八年的互联网大公司，他们已算佼佼者。

然而，在公司之外，他们的身份多为异乡人。

他们来自安徽、江苏，甚至更远的东北和西北。他们是奋斗者，并努力想抹去异乡人的痕迹。

不错的薪酬慢慢为他们积累下一些财富，几年前贷款或全款买的房子在房价狂飙几次后成了账面上的资产。

他们不再为衣食而忧，大部分心思都放在孩子身上。

然而，从一开始，这就是个复杂的问题。何时生？怎么养？每一个环节他们都小心谨慎，精密计算，咬牙忍耐。

孕期如何保住职场地位？孕后如何亲自陪伴？ 128天的产假其实远远不够，那些孕期妈妈反复数着日子，为了产后能多休息，冒险上班到最后一个月。

即便如此，生育后数月，她们就得回归那台轰鸣作响的庞大机器。温情脉脉的时刻是大城市最缺的奢侈品。

照顾幼儿的重任大多落在老人身上，有朋友愧疚地感慨：我生孩子，其实是在燃烧爹妈生命。

他们在职场上奔走、喘息、呐喊、流泪，在疲惫的躯壳之内，孩子就是最柔软之处。

今天所有的奔走都是为了让孩子享受更好的教育，过上更好的生活，不用再为房产焦虑，不用再为归属漂泊。

父母日渐苍老，年轻的父母与孩子身处同一屋檐下却聚少离多。

他们咬牙忍耐一切，发力奔向更好的生活。

因为收入和房产，他们被称为新一代中产，而相对优越和安逸的生活也让他们以为已掌控了生活的节奏，远离了最粗鄙的恶意。

直到，他们遇上那管刺鼻的芥末。

视频中那位泣不成声的母亲是那般无助。

比那可悲的是，这样的兽行仍须用网络曝光和自发维权等一系列最原始的方式才能倒逼解决。

那些崩溃的母亲、那些凌空SOHO里的齿轮、那些在北上广奔走的职场男女，他们外表光鲜，衣冠楚楚，但同时他们内心脆弱，不堪一击。

二

在被曝光的视频中，涉案员工跪地求饶，蜷缩成一团。

没人觉得她可怜，只会感到深深的寒意。

人有多卑，就有多亢。究竟是多大的怨气，才会突破做人的底线？

有网友找到了这名员工此前的工作照，照片中她表情冷漠，眉目间带着深深的戾气，仿佛整个世界都有愧于她。

这样的神色并不罕见，杭州保姆纵火案中的保姆有张同样冷淡漠然的脸，再往前追溯，那个毒杀多名老人的女护工，也与她们神色一致。

她们对生活已麻木绝望，她们的心理已扭曲失衡，孩子不幸成为牺牲品，每一次推搡和喂食都是戾气的宣泄。

比戾气更可怕的是冷漠，冷漠助长着戾气的传播。

视频中，兽行发生时有其他老师在场，但他们冷漠旁观。

或许很久前，兽行只是一名员工的发泄尝试，但正因为旁观者的集体冷漠，兽行成了习惯，甚至成为流行手段。

冷漠不光存在于亲子园内。

如果携程能派人定期检查监控录像，主管能认真评估教师的资格，上级单位的领导在负责剪彩、讲话外能认真巡查和管理，悲剧或许会被扼杀在萌芽中。

事发前，他们冷漠地交接，觉得已完成任务；事发后，他们急迫地推诿，觉得责任都在其他单位，都觉得自己冤枉。

《东方列车谋杀案》好像又要重映了，我不由想起里面最经典的话：

所有人都是凶手。

所有人。

三

他们在等着浪潮退去。

这个时代的热点太多，信息太快，舆论来时如山呼海啸，忍一忍也不过一地鸡毛。

每一次，骂声总是振聋发聩，但因骂声解决的问题寥寥无几。

事情被引爆那天是记者日，虽然节日过得有些落寞，但我真心希望孤行于这个时代的调查记者们能揭开事件背后的灰幕。

我知道这很难，无从要求，唯有祝福。

其实，追责依旧不是最终目的，我们需要的是事件的解决之道。

复盘整个事件，在人性泯灭、监管缺失的背后，其实是市场僵化。

倘若携程能自营托儿所，或者有更多托儿所可以准入，悲剧或可避免。

有竞争就有自律，有透明就有制约，有口碑就会爱惜羽毛，自我提升。

我不相信摄像头能照出所有人性的丑陋，但我相信，用市场的方法会让僵化的土壤无处安身，自然也不会结出恶果。

那些被迫吃了芥末的小孩总会长大的，总会回首来看这一天发生了什么。

我们这代人总要给个交代吧。

先别急着学习，我这里有一片维生素 C

▶ 凿壁偷光，悬梁刺股，或者吃一片维生素 C。

一

二十多年前的广场时尚，疯狂且震撼。

成千上万的人聚拢在广场上，在清晨寒风中怒吼英语，口中白气如龙，每一个音标都带着对那个时代赤裸裸的渴望。

二十多年后，又一轮学习热潮到来，李阳依旧是主角。他的栏目被放在喜马拉雅的付费首页，头条置顶。

如果说上一轮学习浪潮源自对外面世界的向往，那么这一轮恐怕始于对外面世界的恐慌。

恐慌的人们将自己深埋在知识之中寻找安全感。

上班路上，他们戴着耳机听"逻辑思维"里的知识段子；午休间歇时，他们刷着"界面"、"36氪"或"钛媒体"的付费分析；上厕所时，手机的屏幕界面是知乎；晚饭的主题词是阈值、黑天鹅与零和游戏。

"吴晓波频道"的新锐会员已经超过15万，他们每日耐心地听着中产阶层进阶的音频秘籍。

马东和《奇葩说》团队在传授职场教程，总计260招，仅2016年12月3日一天，销售额就达500多万。

在知识分享社区知乎中，在最火的问题"为什么学历不一定值钱，但学区房却非常值钱？"的页面右下方推荐着最新的直播教程，主题分别为高频量化交易、民间借贷和金融原理入门。

这是个飞速运转的世界，快到"一小时学会股指期货""三步选中好股票"的名称已经不能满足人们的饥渴。

最有名的"得到"学习平台，门生已超145万，虽然有许多人交了钱便不再来，虽然每天有85%的推送不会被打开。

但从交钱那一刻起，他们已获心安。

这和那些交给孔子十条肉脯，然后懵懂听课的弟子一样。

听不听得懂不关键，可不学习何以安身乱世？

二

十几年前，中国出版业向民营变革，那时机场的畅销书是《谁动了我的奶酪》《富爸爸穷爸爸》和《哈佛商业图书精选》。

此后十余年，鸡汤励志类和探险志异类图书大行其道，畅销书前十名中纯科普类的只有一本霍金的《时间简史》。

没有几个人能看懂关于时间和空间的巨著，但书房最好有一本，可装点门面。

这一轮学习浪潮明显不同，知识变得廉价且亲民，且可选种类很多。

马云的合伙人公开了阿里巴巴十七年的管理心法，跨国公司高管分享着六十天练就高效竞争力的诀窍，乐嘉用性格色彩学教你一眼看透人心，这些都曾是付费平台的热门课程。

然而，学员们课后细品时仍不免有熟悉的鸡汤味，这些课程和机场售卖的成功学和管理秘诀本质上并无不同。

有人收听了知名大V的理财课程后抱怨：只有第一讲是干货，其他讲都是更改案例后重复循环的套话。

在一份针对知识付费效果的调查中，有近半人认为效果"一般"，而12.3%的人表示不满意，因为"付费得到的内容，自己本可以找到免费的途径来获取"。

10分钟的音频、1000字的文章、2个小时的讲座，真知灼见到底几何？

或许时间久了，你会发现，某位老师反复强调的理念和观点不再醍醐灌顶，进而厌倦；某场咨询或经验分享依旧需要大量的时间和沟通成本；所谓的财富捷径，依然只能倾听传奇，不能亲身复制。

学习者最后还是倾听者，倾听者总免不了成为偷听者。

2016年5月，王思聪在分答平台回答了有关留学、投资等32个问题。如今他已很少出现，那些正经回答更少有人问津。

主页上被顶得最高的问题是"如何处理与前女友的关系"，以及对算命的看法和择偶观念。偷听者甚众。

三

现在看来，大学毕业时怒扔书本实在是天真到一塌糊涂的举动。

毕业是一个骗局，学习恐怕是贯穿终生的举动。

在这瞬息变幻的世界，科技文明让行业更迭无限加快，淘汰也无限加快。

2017年年初，一位34岁博士被大企业辞退的帖子引发了集体热议。刚刚拥有二孩的男主人公面对两套房子的房贷和生活开销茫然无措，"中年危机提前到来"。

另一个故事在朋友圈也广为流传：一位41岁的公司高管勤恳工作了二十年，但公司随着行业的落寞而倒闭。因为不熟悉移动通信技术，他只得赋闲在家，四处降薪求职。

稳定收入和体面生活的幻象被击碎，他们在知识迭代中四处碰壁。调查显示，一名博士生毕业四年后，他所学的专业知识将全部老化。

每个人都担忧自己成为文明前行的牺牲品，这也是这轮学习热潮的潜因。

对于饱含"高度竞争的忧患意识"的中产家庭而言，改变了命运的知识是他们最后的底气。

然而，面对不确定的行业变化以及潜在的人工智能的威胁，究竟该学什么呢，学到的知识有没有用？许多问题并没有答案。

在这个时候，知识本身或许已经不是最重要的了，能与知识网红达成某种愉快的互动，换来安眠和好梦，就已经足够了。

其实，知识焦虑十多年前已经爆发过一次。

在2000年左右，香港医学研究者发现，很多25~40岁的高学历人士会在没有任何病理变化的情况下突然失眠、焦躁、尿频和呕吐，女性甚至停经。

研究者称，每天连续看电视、听广播和泡在图书馆的人是知识焦虑的高发人群。

医生给出了一个治疗方案：每天接触的媒体不能超过两种，减少娱乐，保证9小时的睡眠，睡前锻炼15分钟，多喝水，补充维C。

当我同学中了一个亿后

▶ 出国有一万种方法，而我今天讲的，是最难复制的那一种。

从东北边陲的小镇到美国翡翠之城西雅图，地图上的直线距离接近九百万米，倘若转机，需要十八小时的航程。对小城的人来说，翡翠城已是世界上极遥远的地方。

我的高中同学程岭刚从翡翠城的一所大学毕业归来，我和他的命运开始截然不同。

而我们的差别就在于：高中那年，他家中了彩票，一个亿。

一

程岭悄然从西雅图回来了。我一直以为他会留在美国，这有点突然，就像当年他家里中了一亿彩票那样猝不及防。

我们的家乡是黑龙江的边陲小镇，名叫东宁。

小时候我以为东宁的样子就是全世界的样子：全城只有一条主干道，两旁是低矮的楼房和红砖水泥的平房，家境好的才会在外墙贴上彩色瓷砖。

小城人口不过二十万，大部分人都在火电厂谋生。城里最富的人一度是煤矿矿长，后来大部分煤矿被关停，很多人失业。失业的男人们蹲在江边，遥望对面影影绰绰的俄罗斯。

那是离我们最近的一国，但接壤的城市一样寒冷、笨重、贫穷。

有中国男人去那里打工，贩卖的依然是廉价的劳动力。

自行车的车轮碾轧在混着煤渣的雪地上留下一条条污浊的痕迹。孩子们骑车上学，读书是他们改变命运的唯一方式。

孩子的考试成绩成为父母们最爱炫耀的财富。在城里的学校中，高三考试排名前十的学生，名字恨不得全城人都如数家珍。哪怕孩子最终只考上一所三流大学，父母也要到大饭店摆宴庆贺。

程岭原本也应该是被全城传颂的十个名字之一。他是县里的文科尖子生，成绩稳定在年级前十。他一米八四的个头瘦得像个衣服架子，皮肤白净，说话语气温柔。他偶尔会写写关于寂寞和爱情的伤感文字，生气时也会说"管他爱谁谁"。

回想起来，生活真的就像一盒巧克力，你永远不知道下一秒会有什么味道。

他的父亲老程是镇上的公务员，也是东宁人羡慕的职业，因为国家管养老。老程性格老实内向，少言寡语，唯一的爱好就是买彩票。

终于有一天，他买出了一个大新闻。新闻在小城的轰动程度不亚于北京奥运会。

程岭并没有在班上公开说他父亲中了一个亿，但小城哪有秘密，他的生活开始改变。

二

我从不认为程岭在财富降临后成了"内心膨胀"的富二代。唯一可见的变化就是读书对他不再是最重要的了，他没再成为成绩排名前十的人。

他的父亲依然在镇里低调地上班，并不张扬。但从程岭的偶然表述中可以知道，他们家的社交圈明显有了变化。东宁虽小，却也还有名流，比如煤矿老板、企业家、政府官员。

高考时，我和程岭考上了哈尔滨的同一所大学。

青春岁月里，我们一起喝醉，一起在宿舍里鏖战网游《刀塔》（DOTA），一起为了不挂科而熬夜。在游戏中，他偏爱法师一类的角色，尤其喜欢那种用很小的代价就能引发满屏绚丽轰杀的感觉。

哈尔滨很大，不再像东宁只有狭小的天空。他家里中了一个亿的消息，在大学知道的人很少。平日里，他依旧在食堂吃着五块钱的盖浇饭。唯一奢侈的是，他是疯狂的苹果粉丝，新出的苹果手机他都会第一时间买到手。

有些变化不可避免。他喜欢车，后来家里添了辆宝马，他经常开车在老家兜风，亲昵地称它"小白"。他把自己打扮成嘻哈风格：帽衫、板鞋、宽松的牛仔裤。他有条牛仔裤在商场里的售价是9999元。

他从不张扬，所以这些价格不菲的名牌在大多数同学眼中不过是在地边摊淘到的假货。他分享的那些名车和名包照片，只有熟悉的朋友知道，只要他想，随时可以买到。

在东宁县，程岭很受欢迎。一些当地小领导的子弟都喜欢与他结交。他出手阔绰，经常请大家去东宁县最好的海鲜馆子吃饭。还曾有女生醉酒后打电话让他去接，而他真的去了，并很绅士地把姑娘安全送回了家。

他逃课的大部分时间都用在街舞上。在学校组织的晚会中，他卖力地尝试高难度的托马斯动作，表演太空步。这导致他的成绩惨不忍睹，一学期平均挂三科，没有挂掉的科目也是作弊通过的。

我一度认为，他会和所有普通的大学毕业生一样，在家乡找一份稳定的工作，然后守着巨额的财富过上衣食无忧的小日子。

大三那年，他和我们一起紧张地准备司法考试。他打算毕业后当一名律师。但最后差了十分，他与律师擦肩而过。看到成绩那天，他有点失落。

老师恨铁不成钢，没少拿他做反面教材，也曾找过家长。老师恐怕不知道程岭家有一个亿。程岭的父亲其实早有打算。

老程觉得，他的命运捉摸不透，儿子的命运就更想不明白了，但一切都会向更好的方向靠拢。他觉得，用钱财为儿子铺路也许不一定是最对的，但至少出国"是条好路"。

后来，程岭一头扎进图书馆学托福英语，准备去美国读个研究生。

没人了解这个家庭的具体计划，也不知道背后是否发生了什么分歧和争吵，而程岭也惜字如金。托福考试前，他在微博上留言说，这是他最不愿面对但必须通过的一个任务。

我知道，他不想走，这一切都有些太仓促了。他是个恋家的人，博客里出现最多的字眼是：爱情、fuck和回家。

每年寒暑假时，他提前一个月就开始坐立不安，频频抱怨前往东宁县的长途车和火车如乌龟一样的速度。假期里，他最喜欢在朋友圈里炫耀老妈包的大馅儿饺子。

某种程度上，他并没有做好准备。他告诉朋友这是家里安排的，自己没有决定权。

本科毕业没多久他便启程了，目的地是西雅图。

那是波音飞机的故乡，一个带着湿润海风味道的"雨城"和"翡翠之城"。人们更愿意叫它"飞机之城"。对程岭来说，这是个带着淡淡乡愁的名字。

飞机轰鸣而起，程岭告别了打游戏的兄弟、母亲拿手的东北美食和他心爱的宝马车，以及他一直暗恋的东宁县姑娘，飞向了大洋彼岸。

或许，离愁之外，他还没准备好迎接被改变的命运。

三

接下来的几年，他仿佛从我的世界里消失了。

记得有次大学假期返乡前，他说过一段文绉绉的话："近乡情更怯，不敢问来人，盼着回家又怕回家。"在美国，他对家乡又有着怎样的思绪？

我记得他说过，在美国的第一夜有点儿凉。

程岭曾发过一张西雅图的照片，天很蓝，海面微微荡漾着波浪。在他眼里，那是连绵雨季中鲜有的晴天。那里九点天才黑，他过了一段夜不能寐的时光，怀念东北性格鲜明的天气。

他很少提及与美国同学和老师相处的事情，甚至连大学照片也就只有两张。一张是教学楼大厅里的圣诞树，或许那让他想起了东北年关的味道。另一张是学校门口的照片，他经常在下课之后，面对着校门，"往那儿一猫"，就像东北老乡蹲在路边那样。

夜深人静时，他也会在窗前看着夜色中的西雅图，如同看客。

或许他在美国的生活是寂寞而孤独的。他在微博上说："没人在乎你要辗转反侧地熬过几个秋，人们只看结果。"

偶尔，他在教学楼里晒太阳的时候会感慨："这才是天天上课的苦×日子里唯一能寻找到的乐子。"我不知道他是否曾参加过美国同学举办的派对，但更多时候，他的业余生活充满了宅男特色：电子竞技、玄幻小说、日本和国产的漫画以及王尼玛的微博。

渐渐地，他回到了国内大学时代的节奏。在圣诞节，即寒假前一个月时，他便开始期待返乡的倒计时，只不过飞机替代了大客车和硬卧火车。他会早早跟兄弟们相约"游戏里见"，就像曾经在东宁县小网吧里的热血战斗那样。

我觉得，程岭过上了一种非典型的留学生活。

高中时他痴迷过一本叫《陈二狗的妖孽人生》的网络小说。书中主人公从一个生活在东北山林里、以打猎为生的农村少年一步步成为在官场和商场上呼风唤雨的江湖英雄。能看出来，他向往那样的生活。中了彩票之后，他提前实现了书中主人公的财富和社会地位，但美国的生活与江湖的快意恩仇差了十万八千里。

中了一个亿之后，他开始感受到命运偏差带来的不适。

他曾在朋友圈里调侃，按照自己的成绩恐怕要回哈尔滨扫大街，"不瞒你说，整条中央大街，都是我扫"。

四

他曾在微博上说过几次："我没得选择，我只负责读书，其他的都是我爸给我弄的。"

今年春天，他发了条朋友圈："两年就这么过去了，没啥感受，解放了……"

我们通了电话，一切都淡淡的。

他和高中的同学聚了一次，东宁的一切并没有更多的变化。更小的孩子依旧骑着自行车奔向学校，寻求改变命运的可能。

除了头发长了些，穿得更时尚了，程岭的外表一点没变。吃饭聊天时，大家有点话不投机。当你谈论如何开商店的时候，他已经谈起今年的股市；当你谈买衣服的时候，他又开始讲中国的房产如何了。

一起玩游戏的兄弟感慨："已经不是一个等级了。"连他父亲也说："在西雅图的几年没有白待。"

几个月过去了，他一直在东宁县的家中等待美国的学位下来。偶尔，他会在网上分享一些关于手游的心得。他还频繁地为代购的朋友发一些朋友圈，品种有保健品、化妆品、电子产品、男女手包和手表。你会觉得，我们之间并没有什么距离感，一切仿佛都没发生过。

美国的生活似乎是个禁忌，每每提到这事儿，他便显得不太开心。

东宁下了雨夹雪，江面已结薄冰。

偶尔会有鱼从冰窟窿中一跃而出，而更多的鱼则在冰面下的浊流中潜行。

Chapter 3

请回答 1999

请回答 1999：回望 2000 年千禧元旦，以及改变这个时代的人们

> ▶ 2000年的那个跨年夜，所有细节，至今历历在目。

一

长风从漆黑的苍穹扑下，四环外荒草折腰，几个均价不到三千元每平方米的新楼盘内亮着稀稀落落的灯光。

老旧的公交车喘息粗重，拉着我和兄弟们去天安门跨年，告别1999年，迎接新世纪的第一道曙光。

北京天色已阴郁数月，以至国庆大阅兵前须发射炮弹，驱散雨云。

这座古老的城市正板起面孔，送别自己的过去。

天安门广场上人头攒动，擦肩而过的女孩握着索尼随身听，耳机中传出张信哲的《爱就一个字》，那是那年最流行的旋律。

在遥远的香港，在跑马地广场的中央草坪上，穿着黑色皮衣的王菲正唱着《邮差》。

场边的梅艳芳笑靥如花，她身边是眼波温柔的张国荣。

这场庆典由董建华主持，开场时，成龙纵马带着香港明星骑行入场。那是属于他们的90年代。

而那些属于下个时代的人，仍在寒风中等待着被垂青。

在距天安门约十千米远的北京电影制片厂的墙根下，刚刚进京的王宝强正因抢不到群演盒饭懊恼。不远处的酒吧内，黄渤正赔笑唱歌，歌声中杂着胶东的海风。

在广场南边的大栅栏儿，郭德纲还没开始他的传奇。

就在几个月前的中秋节，他拎着月饼和水果去见未来的岳父、岳母，结果礼物被扔出门外，他被警告不许再登门。于是，他咬碎银牙坐车进京，发誓要出人头地。

失意者又何止他一人？

在大连，元旦前几日，王健林刚把大连万达球队和基地转卖给他人，接手的商人叫徐明。改名那一天，王健林对身边人说"真的不甘心"。

而球队中的头号前锋郝海东，那一年因吐痰被亚洲足球联合会离奇禁赛一年，鞋拔子脸上满是嘲讽。

在云南，71岁的褚时健在监狱里度过了1999年的最后一天。这一年，他被判无期。

老人在黑夜中沉沉睡去，不知梦中有没有满山金黄的橙子。

二

那夜，天安门广场上人潮涌动，周边交通全部中断。

同样的场景也发生在深圳，一家名叫腾讯的小公司的员工集体出门吃饭，结果被迎接千禧年的人潮堵在了路上，动弹不得。

马化腾并不在列，那夜因"千年虫"病毒，他们开发的即时通信软件OICQ出了点小问题，公司只有马化腾一人在线，他扮演唯一的客服竟然成功安抚了所有用户。

其实，他经验丰富，最开始OICQ上没人聊天时，马化腾就自己换成女孩头像上阵陪聊。

1999年，许多故事从这一年开始。

在杭州，马云对他的十八罗汉说："我们要建世界上最大的电子商务公司，现在你们每人留一点吃饭的钱，将剩下的钱全部拿出来。"

在上海，陈天桥向人借了五十万，开办了盛大公司。公司租了个三室一厅，员工只有六个人，其中包括他的新婚妻子和小舅子。

在北京，元旦前夕刘强东在北京九头鸟大酒店开了年会，台下员工不过十多人。刘强东用特有的方言普通话畅想着新年目标："明年咱们聘个库管吧，当然这要搬到一个大写字间才能实现。"

那一年，他在刚开业的海龙大厦有个不到四平方米的柜台，主营刻光盘业务，附赠傻瓜式多媒体系统。

好人张朝阳才是那个时代的主角。1999年7月，他被选为《亚洲周刊》封面人物。千禧年元旦，他在岳麓书院发表演讲，湖南卫视在现场直播。

张朝阳演讲那天，一个名叫李彦宏的年轻人在北京大学附近的资源宾馆租了两个房间，一个当卧室，一个当办公室。一群人在床上盘腿而坐，讨论着百度的雏形。

在资源宾馆向北不远处的清华大学校园内，王兴正读大三，刚建了他人生中的第一个网站。

几年之后，一个名叫史恒侠的西北女孩，登录清华的BBS论坛，化名芙蓉姐姐，开启了最早的网红时代。

有些伏笔埋了许多年。

千禧年的元旦夜，刘震云来到冯小刚家，两人喝光了冰箱里的所有啤酒。

刘震云说："我把《温故1942》交给兄长了。在这件事情上，我愿意和你共进退。"

三

千禧年最终来得慌张而凌乱。

那一年，手机还不普及，大家手表上的时间并不统一，所以临近跨年时，广场上出现了多个版本的倒计时。最后，欢呼声掩盖尴尬，新世纪在混乱中到来。

那些我们熟悉的主角，则开始了我们熟悉的轨迹。

国家篮球队招了个高个儿叫姚明，国家田径队招了个陪练叫刘翔，意大利摩德纳俱乐部招了个主教练叫郎平。铁榔头面沉如水，一年后，她带队在欧洲女排冠军联赛上夺冠。

在台湾阿尔法唱片公司的小屋内，一个鸭舌帽遮面的新人闭门写了五十首曲子，吃光了两箱泡面。2000年11月，他发行了第一张唱片。他叫周杰伦，那张唱片叫《JAY》。

同年在成都，高中生李宇春写了篇作文，文中说"当我真的长大时，我会找到自己的表达方式"。

那夜在天安门广场，狂欢的人潮从广场拥向东单、西单和王府井，最后又拥回广场等待升旗。

困顿与疲惫间，天光终破晓，嘹亮的国歌响起，人群肃穆，有人落泪。

无人能预知此后将发生什么，无论是神舟还是奥运，无论是非典还是地震，大时代面前，我们都是标点。

　　从天安门回到寝室后，我昏睡了一整天，黄昏醒来时，宿舍空无一人。

　　隔壁的兄弟拎着光盘喊着看碟——王晶的古惑仔系列。我的2000年就这样开始了。

　　……

　　这半个世纪经历的许多事情都是始料未及的。有些事隆重地开幕，结果却是一场闹剧；有些事开场时是喜剧，结果却变成了悲剧。在悲喜交加的经历中我走到了20世纪的末叶。一幕幕开场的锣鼓，一曲曲落幕的悲歌，如今都已随风而去，唯有那轻轻的一声叹息住在我的心里。

　　谨以此文，纪念远去的1999年。

保温杯中的烈酒

▶ 愿你灵魂柔顺，且永不妥协。

一

1988年某一天，北京化工学院内，崔健演唱结束后谢幕，舞台一片凌乱。

台下被撩拨得兴起的观众，即兴登台唱歌。

一个少年就这样倏忽走到了舞台中央，他旁若无人，嗓音上天入地。

刚刚组建黑豹乐队不久的郭四见猎心喜，邀请他加盟。少年叫窦唯，成了黑豹的主唱。

他凭空出现，又完美地嵌入时代的空白之中，仿佛那空白专为他而设。

一年后，从部队转业的赵明义加盟黑豹乐队，担任鼓手。几个月后，90年代拉开帷幕。

黑豹乐队组团南下参加"深圳之春"演唱会，意外结识了Beyond的经纪人。

1991年，他们在香港悄悄发行了专辑《黑豹》，港九为之震动，内地盗版风行。

最终，《黑豹》专辑横扫中国，正版磁带发行150万盒，算上盗版超200万盒。

那时的窦唯，面容清秀，长发妖娆，身上缠绕着一代人的青春。

1991年年底，在成都，窦唯在台上挥舞着话筒架，忘情歌唱。台下无数窈窕少女高喊着黑豹之名。

散场时，吉他手李彤被揪掉了头发，鼓手赵明义则被拽掉了项链。

那场之后，窦唯离开黑豹乐队，眼前的世界广阔自由，仿佛处处是高歌的舞台。

1994年12月17日，在香港红磡如倒置金字塔般的体育馆内，大陆摇滚青年集体亮相。

观众席上，从香港"四大天王"到会场保安，皆陷疯狂，黄秋生听着听着干脆撕裂上衣狂奔。

台上的窦唯，长发已剪，眼神清澈。他抿唇，吹笛，喧嚣骤然而止，世界呼吸停顿。

90年代露出骄傲的冷笑，然后又如窦唯般抿紧嘴角。

一年后的初夏，王菲从窦唯家走出，趿拉着拖鞋溜达进胡同内的公厕。

鸽子从胡同上空飞过，哨音清亮，青春仿佛永不谢幕。

然而，转眼间，窦唯就已身在开往未知地的地铁上，抱着破旧的背包假寐。车窗外，灰暗的水泥墙被飞快甩于车后，如同已一去不返的90年代。

几年后，曾和窦唯在红磡同台的赵明义，端着保温杯向我们施施然走来。

当年疯狂击鼓的是我还是非我？杯中泡着的是枸杞还是花茶？

掌中的保温杯，身外的地下铁，其实都是金属囚笼。人生流淌至此，休提往事。

青春遥不可忆，中年漫长无期，当年的纵情狂奔只不过是虎口脱险，而虎穴之外，还是虎穴。

二

几年前，在影院看《心花路放》，散场时灯光暗淡，小柯的歌声悠然响起：

> 默默看着时间，
> 带着所有湍急而下，
> 这样子是不是老了？

电影营造的欢喜骤然被抽空，只余怅然若失。在时间面前，你我皆囚徒。

我不知道赵明义是不是也明白了这种无奈，不然怎么会坦然举杯。

其实，真正在意他举杯的，反而是那些围观的看客。

中年的看客，无法接受偶像向岁月认怂，当年的叛逆先锋都已被时间淹没，他们的回忆如何安置，人生又如何突围？

年少的看客，其实是在用笑声掩饰恐慌：莫非有一天，我也要端起保温杯？

如果保温杯等同于中年危机，那么这场中年危机，早已前移。

2017年金正男遇刺时，1988年出生的已经被称作中年女子。在联合国的最新定义中，1992年出生的，就已算中年人。

这个时代的年轻人，正越来越早地体会到父母在人生中途才体悟到的危机。

这个时代的职场，正经历着前所未有的激变；这个时代的爱情，也远比过去脆弱；这个时代阶层已分，起跑线悬殊；这个时代不喜欢窦唯的歌，现实森冷且严苛。

捧不捧杯不重要，重要的是，人人皆须取暖。

三

中年危机不但在前移，同样也在后移，或者说，中年的宽度在延展。

我们即将迎来一个喜忧参半的未来，日益进步的科技正在不断攻克疾病，延长着人类寿命。

这意味着，我们可能会拥有一个更漫长的中年。

在这场漫长的中年旅途中，能否战胜危机，取决于你的灵魂是否年轻。

只要灵魂年轻，危机即主场。

诚然，生命力的流逝无从阻拦，但若为灵魂赋能，人生的边界就会持续扩大。

比如读书，比如思考，比如持续探索和接纳陌生的领域。

2012年马东从央视离职前后，一度感觉人生如泥潭。

控制体重力不从心，与年轻人聊天话不投机，"80后"尚可略懂，"90后""00后"宛如天书。他说，他被世界放在了马路边上。

五年后，马东已49岁，他割了眼袋，自称是一个出生于60年代的"90后"。他身边年轻人环绕，灵魂已然迭代。

和他一样修行灵魂的还有张朝阳。在乌镇酣睡的张朝阳，风衣飘摇开衩的张朝阳，刚刚横渡兴城海峡，在怒浪中游完十三千米。

上岸后，53岁的张朝阳在朋友圈说："整体不错，颈椎活动量超大，脑供血充足，思维清晰。"

从这个维度，谁敢嘲笑他老了？

在佛书中，我们所在的大千世界名叫"堪忍"，轮回之苦，终须忍耐。

只是对于那些打破危机的人而言，他们从来不奢望能战胜时间，而总会在时间洪流中，保持自我的灵魂。他们的保温杯中，装着烈酒。

在地铁被偷拍后，窦唯破天荒地短信回复了新浪娱乐，仅八个字："清浊自甚，神灵明鉴。"

他不必辩解什么，又何须辩解。

其实，看那些偷拍照片，岁月是老了容颜，可他的眼神，何曾有一丝一毫妥协。

我那个笑傲时代的大哥，正骑白马而去

▶ 家国天下是一生愁思，最终只化作笑骂怅然。

一

2005年，在复旦大学逸夫楼内，跨海东来的李敖完成了在大陆的最后一场演讲。

人们大多不关心演讲中的深意，有关女人的提问蜂拥而至。

报告厅内人声鼎沸，但巨大的孤独感包裹着这个时代最后一位狂生。

那一天，散场之际的提问，涉及生死。

有人问李敖怕不怕死，李敖说，《圣经》中有匹灰马，马上之人名为死亡，他已随时准备上马，就此别过，永不相见。

台下一片笑声、掌声，没人当真，以为这只是嬉笑怒骂的李敖在自我调侃。

散场后，有个同学在BBS论坛上记录了这个细节，下面有人跟帖：李敖是谁？

那是十三年前，那时已经有年轻人不知道李敖是谁了，又何况当下?

那些还记得他的人，记得的也不过是他书中的胡因梦和腿上的小S，记得红衫和墨镜，记得情事和八卦，真实的李敖却被抽离为符号，并被潮流所埋葬。

他的面目就这样慢慢变得模糊，这是他毕生所愿，又何尝不是毕生所憾。

我们真的还记得李敖是谁吗？

他11岁时自己设立了理化实验室；13岁时以第一名的成绩考入北京市第四中学；高二时就已是全台湾征文大赛的第一名；29岁时便出任《文星》主笔，拉开贯穿时代的"文化论战"序幕。

他精通文史，学贯中西。胡适说他比胡适更懂胡适，林清玄说他是台湾黑夜最亮的那盏灯。

在台湾最压抑的长夜，他杂文如剑，言辞如刀，以一己之力呼唤民智，哪怕为此坐冤狱五年。

以布衣之躯笑傲王侯，千古文人迷梦不过如此。

人生下半场，他选"总统"，当"立委"，组政党，获诺贝尔文学奖提名。其作品超1500万字，出全集共82本，真正著作等身。

他大半生困守于小岛之中，不喜于蓝，不容于绿，只能远远眺望大好河山。家国天下是一生愁思，最终只化作笑骂怅然。

他亲历过最动荡的天下，挑战过最森严的铁幕，感受过一个世纪的最炙热和最冷寂，依旧我行我素，保持真我。

翻阅过往的六十年，所幸还有李敖给这个乏味时代留下最后一个活泼的注脚。

然而，他终将在时光中沉沉老去。

2017年年初，他自曝脑中生瘤，时日无多。好友对此哭笑不得，说脑瘤属良性，李敖太惜命。

就当人们以为这是大师又一次不甘寂寞的出格言论时，伤感消息却突兀而至。

李敖老友陈文茜说，李敖已经说不了话，写不出字，"一切都在倒数。折一个日子，算一个日子，看一次月亮，算一夜"。

桀骜一生的李敖，竟如此做结。这是命运写下的最残忍剧本。

陈文茜说："我想要回那个笑傲江湖的大哥，但他已骑着白马远去。"

数日之后，经纪人称，李敖病情有所好转，只是脚部肌肉消融，须坐轮椅，且不能进食，要用鼻胃管。

当年在复旦大学演讲时，在哄笑声中，李敖引用了陆游的两句诗："尊前作剧莫相笑，我死诸君思我狂。"

白马啊，请慢一些，你尚未离去，我们已思君若狂。

二

每一个时代的狂生谢幕，总有超脱生死的逻辑。

嵇康临刑前，索琴弹之，焦虑的是《广陵散》而今绝矣。

金圣叹被斩前，私授的是花生米和豆腐干通嚼，别有滋味。

2017年年初时，李敖觉大限将至，决定开设一个电视节目，在众目睽睽下从容谢幕，节目就叫《再见李敖》。

他广邀一生的家人、朋友和仇人逐一相谈，逐一相别，"不管你们身在哪里，我都会给你们手写一封邀请信，邀请你来台北，来我书房"。

"你们可以理解成这是我们人生中的最后一次会面，及此之后，再无相见。"

这是狂生最后的温和，往日的酒有多烈，最后的茶就有多醇。

这也是李敖和李敖的和解，他一生都在不同的自己间纠结。

他古板守旧。大学读书，别人西装革履，他老派长衫，被全校视为怪胎，他泰然自若。他说孔孟是万世师表。

他又狂放恣意。在立法院内，他戴面具，喷瓦斯，玩狗链，扔皮鞋，最后干脆当众亮出巨幅年轻裸照，于他礼法又为何物？

他尖刻古怪。胡因梦晨起便秘，他在洗手间偶然撞见，觉得妻子憋得满脸通红，实在不堪，评点为"美人如厕，与常人无异"。

他又温柔细腻。小女友18岁生日时，他送了17朵玫瑰花，附上字条："还有一朵就是你。"

他睚眦必报。他告过"总统"，告过"五院"院长，告过台北故宫博物院院长，告过电视台长，告过亲朋故友，告遍各大"政府机关"。动物凶猛，此地有李敖出没。

他又谦逊有礼。数十年未谋面的小学老师，他见面就在水泥地上跪拜。离别时走远后回头，看见老师一条腿滑出轮椅，他马上跑回，把老师的腿放好。

他以精英自居又以草根自诩，他桀骜不驯又好为人师，他口诛笔伐又风趣幽默，他因循守旧又百无禁忌。在他身上，上百年的文化、道德和规则激烈冲撞着，既无胜负，也无对错。

李敖深知自己的矛盾，他说："我遁世，又大破大立；救世，又悲天悯人；愤世，又呵佛又骂祖；玩世，又尖刻又幽默。我性格复杂，面貌众多，本该是好多个人的，却集合于我一身，所以弄成个千手千眼的怪物。"

这是最真实的李敖，也是这个时代配不上的李敖。

嵇康被定下的罪名叫作"无益于今，有败于俗"，李敖的功过罪罚，又何尝不因于此？

三

千山万水独行，李敖将自己活成了寡人，并且有滋有味。

2007年告别台湾政坛时，他改了徐志摩的诗，说："重重的我走了，我挥一挥手，带走全部云彩。"

政客追名逐利，李敖独揽风流，大家求仁得仁，各得其所。在他眼中，政坛经历只是他人生艺术中的一个片段，已无欲无求。

他开始努力把一切都看淡，黄金屋是空，颜如玉是空，他想把坟设在苏小小墓边。邻居是千古名伶，面前是西湖的万顷碧波。

所有的一切，又回到了书生的起点。他一度隐遁阳明山，不会客，只读书写书。

山中岁月漫长，他每日清晨五点半起床，深夜十二点入睡，没有健身项目，至多如松鼠般游走在各个房间。

太太上山看他，一小时后就跑掉了，实在耐不住寂寞。

阳明山寓所窗外，有蜘蛛结网，每日爬到玻璃窗上。李敖与蜘蛛相依为伴，老死不相往来。

这个年龄，已不须望断高楼，也不须栏杆拍遍，人生自有真味。

寓所书房内挂有三张照片，是李敖最欣赏的三个男人：爱因斯坦、帕瓦罗蒂和拳王阿里。

爱因斯坦已辞世数十年，帕瓦罗蒂在2007年离去，最后一位拳王阿里，也在2016年与世人诀别。

2017年年初受访时，李敖还拿阿里举例，说阿里得了帕金森后力量大不如前，可一拳仍有百磅之重。他不再参赛是因无法和过去的自己比较，"不能超越自己，就洗手别干了"。

这其实是他最大的伤感。堂·吉诃德不怕嘲笑，怕的是这世界拆除了所有风车。

李敖所怕的，是没有敌人，只能与自己为敌。

而今，与自己为敌，他也做不到了。

他困守于病房之内，呆坐于轮椅之上，等待头脑中异端的消融，也等待命运最后的裁决。这是他一生最不喜欢的姿态，却成为故事的尾声。

在病房之外，一个时代正在飞速演进，一切痕迹都被掩盖，他终将被遗忘。

……

1979年盛夏，李敖复出文坛，出版了《独白下的传统》。

那一年，他44岁正意气风发，他在扉页中写道：

50年来和500年内，中国人写白话文的前三名是：李敖，李敖，李敖。

姜文高高在下

▶ 姜文依旧年轻如姜文。

一

北京内务部街11号大院内有座民国时期的假山，假山下修有暗室。这里曾当过银行大亨的藏宝阁，日伪时还曾用作水牢。

1973年，姜文搬进大院时，地牢已被少年们占据，成为《智取威虎山》中的聚义大厅。

街道上高亢的喇叭广播有时会穿透地表，隐约传入地下，少年们鱼贯爬出，充沛的阳光猛然砸在脸上，艳阳天无止无歇。

那时的北京大院是一种特殊的存在。葛优在北京电影学院大院，管虎在中央话剧院大院，许晴在外交部大院，马未都在空军大院，崔健也在军委大院（他父亲是空政歌舞团的小号手）。

王朔在中国人民解放军训练总监部大院，同院还有王中军、王中磊，即后来的华谊兄弟。

搬进内务部街11号院那年，姜文10岁，黑瘦沉默，貌不惊人。他跟在大孩子后面奔跑，默默咀嚼大院里流传多年的传奇。

九年前，两个少年徒手爬上院里40余米高的大烟囱，挥舞国旗，还即兴沿烟囱沿儿走起了平衡木。

少年姜文没敢复制这个传奇，他做过的最出格的事，不过是和英达躲到大院闲房中学抽烟、玩手摇电唱机。

姜文和英达是北京七十二中的同学。英达学习散漫，但因家世原因，英语极好。姜文功课不好，须抄英达的试卷糊弄过关。

高考那年，姜文才15岁，英达考上了北大，姜文落榜。英达鼓动姜文当演员，骑自行车驮着姜文去中央戏剧学院应考。

在关键的表演面试中，别的考生一片片都在朗诵"几回回梦里回延安"，姜文背了一段契诃夫的《变色龙》，不动声色，幽默且高级。

姜文因此入学，被同学超时代地定性为冻龄——20岁就有50岁的沧桑，当然同理，50岁时也能看到20岁的影子。老天从来都是公允的。

他曾化装成干部，忽悠住了投诉他们扰民的南锣鼓巷住户；他还假装过老头，骗倒了骑自行车的老师；偶尔，他还冒充家长，给弟弟姜武开家长会。

他22岁演溥仪，23岁与刘晓庆飙戏，24岁主演《红高粱》，摔碎酒碗，扛起巩俐，放肆于青纱帐内。那时，他是全天下的主角。

成名后，他回大院胡同，负责灌煤气的管理员让他唱上一段，他抢煤气罐上肩，唱着"妹妹你大胆地往前走"扬长而去。

黄土高原的风尘只飘荡了五年便消散无踪，20世纪90年代摧枯拉朽般到来，许多人像做了一场长梦后惊醒，匆忙开始新的生活。

华谊两兄弟出国淘金，王朔声名鹊起，马未都倒腾古董发了一笔，即将成为《编辑部故事》中李东宝的原型，演他的人正是葛优。

崔健不愿继承他父亲的小号，蒙起一块红布，看不见眼前，也看不见天。

在那些特殊大院周围，高楼拔地而起，胡同里开进了小汽车，人们腰间挂起了BP寻呼机，远比系武装皮带上档次。

姜文不适应这些。去美国拍完《北京人在纽约》后，他便回到西坝河隐居，把自己关在一个不到6平方米的小房间里，从窗口默看日升月落。

他家对面，住着王朔。1992年，在一饭局上，王朔递给姜文一本《收获》，上面有他的小说《动物凶猛》。

那晚半夜三点，姜文睡前随意翻到这篇小说，尘封的日子呼啸而来，恍惚中有高亢的歌声，也有某年某月某个下午，太阳照射柏油路的味道。

姜文于是闭关，将6万字的小说改写成了9万字的剧本，封面上最后写了三个字——那时候。

那时候是阳光灿烂的日子，天南海北的年轻人，在20世纪90年代逆流，重新回到了内务部街11号院。

姜文把大院里的"烟囱传奇"搬到了电影中，为此他把40米高的烟囱粉刷一新。

拍摄时正是冬天，剧组化冰扫雪，给演员喷水，模仿夏日的大汗淋漓。

夏天是假的，时代是假的，可阳光是真的，所有人因此深信不疑。

1993年，英达来剧组探班，在灯市东口遇到个傻子。

傻子是他们的老熟人，小时候只要冲他喊"古伦木"，他就会回"欧巴"——样板戏中的革命暗号。

多年之后，意外相逢，傻子已发鬓苍然，英达兴奋地高喊："古伦木。"傻子看他一眼，说："傻×。"

英达把这段告诉了姜文，姜文用它给《阳光灿烂的日子》收了尾。

大院里的青年终成衣冠楚楚的中年，他们有人落寞，有人暴富，驱车奔驰于北京二环，却再也找不到青春恣意的影子。

电影结尾处，姜文打开大奔的天窗，呼唤路边的傻子。傻子满脸不屑，骑着木棍，与他分道扬镳。

整场明亮的幻梦，以此黑白画面收尾。姜文说，他演不好九十年代，一拍到九十年代，拍哪儿哪儿不对，感觉都不好。

今年夏天，许知远采访姜文前，特意去了趟内务部街11号。

胡同很寻常，没有贵气，没有落寞，屋舍和院落都是时光过后该有的样子。

姜文念念不忘的故事，模糊得已看不清轮廓。

很多年前，那首时代交响曲的尾声是大提琴独奏，于最激越痴狂处，戛然而止。

姜文哼了几声余韵，余韵早已消散在岁月深处。

二

1993年下半年，投资人文隽跑路，《阳光灿烂的日子》剧组弹尽粮绝，四处赊账。有些景点的负责人自此留下阴影，再不接待剧组。

于是，姜文自掏腰包支撑开支。王朔在饭局上遇到他，大家问何时拍完，有演员戏说片名要改叫《大约在冬季》。姜文差点急了。

后来，剧组的钱都用来给文隽发电报了。香港遥遥传回消息，文隽正在拍三级片挣钱。

几次阴差阳错后，1994年9月，《阳光灿烂的日子》被送至电影局审片。

姜文在院中低头转圈，手里提着把斧子。

1995年，这部成本约100万美元的电影获得了5000万人民币的票房，《时代周刊》称其为"一九九五年全世界十大最佳电影之首"。

出道即登巅峰的姜文，找到了新出口。既然不喜欢这个时代的规则，那就自创世界，自己设立规则。

他的世界，就是电影。

在他的世界中，每一个细节都要追求完美。

《阳光灿烂的日子》开头几分钟是机场送别，素材拍了三个多小时，宁静床头的一张照片，拍了23040张。

《鬼子来了》中的屋顶是从山西专程运来的，而且，为拍出砍头特效，剧组专门从美国进口了几台能滚动拍摄的特殊摄影机。

《太阳照常升起》中有几百只飞禽走兽，其毛色、质感都被姜文改过。剧中的藏式房屋、鹅卵石和红土，都是从千里之外用卡车和铁甲船运至外景地的。

《让子弹飞》里有场三人的"鸿门宴"，为拍出三足鼎立的霸气，剧组专门搭建了环形轨道，三台运动摄像机交替转动拍摄。影片共用了55万尺胶卷，这一场戏就耗掉五分之一。

《一步之遥》里的火车戏，要求布景搭得既要不像火车，又要比火车还火车。火车上要有金色沙滩，试来试去，最后拉来几卡车玉米磨碎，才达到姜文所要的温暖。

这些虚构的世界，或阴郁或空旷或浪漫或诡诈，但其天空之上，都挂着同一轮太阳，那太阳就是姜文。

批评者说，姜文的电影粗野混乱，纵欲又空虚，每一帧都流露着智力上的傲慢。

而铁粉说，姜文的每一个故事都真诚、高亢，理想主义总要溢出银幕。

电影是姜文的理想国，但理想国的运行，最终还要屈从于现实规则。

2005年，姜文拍《太阳照常升起》。这是他沉寂七年后的试水之作。

姜文说，这是一次火力侦察，但可能火药用猛了一点。

王朔给他拉来了太合影视的王伟，中影掌门韩三平给他拉来了英皇的杨受成，拍摄一再延期，钱越花越多，最终电影票房为1800多万，只收回成本的三分之一。

这是一部没有起承转合的非线性叙事片，如同无人驾驭的豪华马车。观众说看不懂，姜文只能回应："看不懂就多看两遍。"

看懂的人如痴似狂，看不懂的人恼羞成怒，有关姜文的评价从此两极分化。

姜文爱听表扬，但更在乎批评，尤其在乎参观者居然在他精心构建的世界里迷路，甚至找不到入口。

2007年，他和伙伴成立了不亦乐乎影视公司。要理想，也要票房，他要站着挣钱。

苍茫的天涯间，马拉着列车。懒得动脑的观众，看到了火锅，听到了歌；看懂的观众说，这是不是指马列主义进入中国？

大家各得其所。

2011年，《让子弹飞》上映11天，票房破4亿，当时能达到这一成绩的只有《阿凡达》。

电影的最终票房为7.24亿，挣了钱，而且姜文站着。

为了拍《让子弹飞》，姜文给周润发和葛优各写了一封信。

给发哥的信中，姜文忽悠道："发哥之角，既有曹孟德之雄，又具周公瑾之英，且常自诩诸葛孔明。发哥出手，定收放自如，出神入化，谁敢做他人之想？！"

给葛优的信，则是另一种风情："吾兄片中虽无艳星共枕，但有愚弟陪床，耳鬓厮磨，却非断臂，不亦骚乎？"

两封信一经披露，公众哗然，浓眉大眼的姜文居然如此会说话。

其实，姜文很不好说话。他顶撞过老友，怼哭过娱乐记者，在采访现场举过灭火器，还有女编辑被他说得哭丢了隐形眼镜。

记者经常被他绕得云山雾罩，被他反问得瞠目结舌，《南都娱乐周刊》为此还专门写了篇文章，就叫《如何正确地采访姜文》。

他因此被冠上桀骜和叛逆之名。

然而姜文说，他从不叛逆，只是在电影之外，不知如何和世俗相处。更多时刻，他是扮演一个名叫姜文的人。

他看球分不清主队，挣钱不知如何报税，聊天常常要计较真理，若话题离他太远，只能沉默以对。

2018年春天，他的老母亲过世，可直至最后，他也不知道究竟怎样才能让妈妈更开心。

时代飙得太快，他就自建世界躲避；资本运作复杂，他就进化，站着挣钱。他对生活从无恶意，可复杂多变的人际，他学不会，也不屑学。

他一直在人间行走。他不愿低头，他就成了寡人；别人不懂他，他就成了异类。

姜文高高在下。

三

多年过后，夏雨已经老得不像夏雨，姜文依旧年轻如姜文。

他讨厌起床，被闹铃吵醒时总是好大脾气："我不知道我是谁，我为什么他妈醒了？"

夏天受访时，许知远问姜文："时间的长度对你来说怎么那么重要呢？"

姜文断然否认。他说，他感受不到时间，有时候昨天、前天和前尘往事通通被他忘得一干二净。

然而，他又能精准地指出，受访地楼下卖德国肘子的饭馆已有三十年历史了。

他用手掌摩挲下巴，发出沙沙的声音。

这一刻，我们才意识到，姜文老了。

从32岁的姜文到55岁的姜文，取时光的中点对折，两个姜文依旧能完美重叠，但55岁的姜文终究多了岁月的线条。

姜文说："岁数到了，就是荷尔蒙让怎么着，就怎么着。"

窗外的世界同样遵从荷尔蒙的指挥。当一个时代收敛，击鼓者就成了异类。

崔健喊不动了，王朔懒得写了。冯小刚对往事的留恋，不过是脖子上的一抹雪白，在冰湖上揩一架就是他的终极梦想。

冯小刚教育姜文："你这人最大的敌人就是溢出来的聪明。"

其实，冯小刚才聪明。他先拍《1942》，再拍《私人订制》补偿，听着挺有情怀，但仔细一想，还不是商业交换。

这种事，姜文做不来。

他只愿用自己的方式，在时光中沉下船锚。他不变，他系着的那个时代就永未远行。

2007年，姜文的《太阳照常升起》在威尼斯电影节不敌李安的《色·戒》。

评选公布后，姜文填了一阕《念奴娇》。

　　云飞风起，莫非是，五柳捎来消息？一代人来，一代去，太阳照常升起。浪子佳人，帝王将相，去得全无迹。青山妩媚，只残留几台剧。

　　而今我辈狂歌，不要装乖，不要吹牛×。敢驾闲云，捉野鹤，携武陵人吹笛。我恋春光，春光诱我，诱我尝仙色。风流如是，管他今夕何夕。

11年后，姜文说，他老了要做三件事：写三个版本离奇搞怪的自传，在不识谱的情况下作首曲，最后画点眼前能看见的东西。

子弹爱飞不飞，阳光一步之遥。

886，我们的青春已下线

▶ "偌峩禰估，鈤會圥期。"

一

2014年，腾讯到新浪网开了微博，数万围观网友迫不及待地问了一个积郁多年的八卦。

"马化腾的生日到底是哪一天？"

这可能是中国互联网上历史最悠久的迷案。

此前十几年中，在QQ上，小马哥几乎天天过生日，而且一过生日就送靓号、赠会员、奖电脑、抽跑车，一代代骗子乐此不疲，最后固化为QQ风俗。

2005年，骗子们的奖品逼真且有诱惑力。传闻，只要转发生日祝福，你的头像旁边就会多一个太阳。

那时，一个太阳意味着你要挂机1520个小时，用时63.3天，耗电507度，可即便如此，在大学机房、破旧网吧，以及深夜的办公室内，太阳的生产依旧夜以继日。

从星到月，从月到日，当太阳升起时，所有的焦躁和乏味，都会释怀。

在那个颜值尚未当道、红包尚未开路的年代，太阳代表着身份，太阳意味着资深，太阳闪耀着第一代网民的矜持和自傲。

那时，人们也好奇过太阳的上限，但想想也知，定需漫长的时间。人们以为岁月悠长无期，终有一天头像旁边会拖满星辰。

然而，岁月是会折叠的。十三年光阴，如一阵急风冷雨，多少大事件倏忽发生，又匆匆淡去，了无痕迹。

2018年的春寒拖得极为漫长，在那个温度诡异的3月末尾，腾讯低调宣布，QQ号可以注销，一切都可抹去。

可是，一切又怎能抹去？我们抹不掉记忆中那个牢固的QQ号码，更抹不掉那些天真又纯粹的日子。

163拨号时那段沙哑的声音，像一声来自神秘世界的喘息；网吧深夜的幽暗灯光，像在进行通灵的仪式。

最简单的聊天，也会有动人的味道。

2001年，在校生马伯庸写出了小说《她死在QQ上》。多年后，这成为豆瓣上"马亲王"的黑历史。有人挖苦说，文字青涩，脑洞不着边际，远不如今日老到。

但马伯庸说，他在纪念那个很容易满足、没有任何藏着掖着的年代。

《第一次的亲密接触》走红了，多少女孩愿叫轻舞飞扬；《大话西游》流行了，多少男生自称至尊宝。

他们简单、热情，他们懵懂无知，他们在铅灰色的简陋对话框里打出的开场白，往往都是"你是GG还是MM？"。

面对朋友的离线自动回复，有人对着一个"嗯"字聊了半小时。

在那个没有美图秀秀的时代，为给尚未谋面的恋人寄出一张靓眼的个人照，有人宁愿等上四个月，等着能穿裙子的夏天到来。

有女诗人被失恋少年纠缠，只得谎称自己72岁，但对方认真地回答："我可以等二十八年，等你到一百岁。"

那时候，一个家里有网、能帮全班同学申请QQ号的女生，会成为所有人的女神。

少年们拿着记录着账号密码的纸条，抄下全班同学的QQ号，打算一个一个地添加，边写边幻想着登录界面的样子。

有人破天荒地逃了课，如朝圣般去网吧注册QQ，一下午却只想出了个网名。

下线的时候，他们没有表情包可发，但会用力且认真地打下："走啦，886。"

那些嘀嘀声和咳嗽声，贯穿了许多许多人的青春。

谁在我青春中轻咳一声，又悄然而去。

二

腾讯推出"挂太阳"升等级的那年夏天，深圳正值用电荒，政府关闭了所有的灯光工程，并规定企事业单位的空调不能调到26℃以下。

腾讯的挂机活动显得不合时宜，很快便改为靠活跃天数升级太阳。

阳光灿烂的日子很快结束，两年后，腾讯推出各类钻石会员，一切与现实接轨。

各色钻石足以让没见过世面的网民们癫狂。QQ秀上有人盛装华服，有人从此只穿内裤，寂寞游荡。

那些在 QQ 秀商城里流连忘返的女孩们，开始了人生中的第一次"剁手"行为。

有小女孩为冲红钻打破了多年的小猪存钱罐，"现在想想，当时的红钻衣服也没有好看到哪里去，一身金光闪闪，活脱脱一个乡村非主流啊"。

还有人冲了黄钻后跑到网吧，不玩游戏也不看视频，只为装扮空间。

原宿风、阿宝色、520 香烟、暗黑系的绷带和血迹，顺手再来一道伤口，再牛 × 的肖邦，也弹不出老子的寂寞。

郭敬明的小说被拆成了无数句话，在 QQ 签名中连载。

有多少无缘无故的眼泪 45 度划过，有多少不知原因的悲伤逆流成河。

有人一夜踩了心仪的女生九十多次，只为那句说不出口的表白。

有人直到中年后，才知道当初有女孩为他单独建了空间。

还有人想起那些长夜，自己绞尽脑汁敲下文字，又费劲心思删除痕迹，假装自己从未来过。

他们宁愿把最初的心动，用其他星球的语言来表达，"挖巳偲注瘾丫à ひ誾 9 孒""哝嗳你"。

掩饰的背后，是一代人的懵懂和寂寞。

2008 年，饶雪漫出版《QQ 兄妹》。在书中，一个离异重组家庭里的两个孩子，通过 QQ 聊天理解了对方。

那代独生子女的孤独，在空旷的网络世界里，慢慢被放大。

那年春节，身患抑郁症的沉珂没能等来恋人的回复，这位非主流的鼻祖在酒店割腕，于死亡线上徘徊后被拉回，就此绝迹网络。

不明实情的粉丝们，在 QQ 上流泪、传递蜡烛，随即也开始了一场告别。

那是许多人青春岁月中的最后一个告别。

那时候他们还年轻，还不懂得人和人的缘分其实细若游丝。

在毕业季到来的时候，他们虔诚地互递同学册："加个QQ，常联系。"

他们相信，QQ在，联系就不会断。即便账号丢失重新注册，也能从QQ空间一个一个地加回好友。

"我们怎么会散了呢？"

三

有些东西，真的会丢。

不知不觉中，曾经的好友空间锁上了，例外的几个，最新留言也定格在几年前。

通信录里许多头像长久灰暗了。最后仍在跳跃的群，发言的大多在推销。

他们不再炒作小马哥的生日，而是直截了当地喊："低息贷款了解一下。"

无人打理的QQ农场，农田已可升级为蓝晶土地，奢华到能种出一座座体育馆。

牧场里的动物，已会骑车和玩滑轮。但当年那些乐此不疲的偷菜人，已经很多年没来过了。

百度杀马特吧里，发帖留下QQ号的新人们，再没能找到组织。

老一辈的杀马特，已经剪掉了斑斓长发，脱下铆钉裤，成为格子间里的上班族或奔跑的快递员。

曾经在《劲舞团》里喊一打陌生人"老公"的女孩，有的已成为精通育儿常识的宝妈，有的已远赴海外，QQ资料里是一串英文或一片空白。

那些曾写下火星文的忧伤少年，已是各家公司里的中年人。

为了防止公司新人窥视自己的中二岁月，他们把QQ空间设置为仅自己可见。

他们偶尔也会去自己的空间里偷看一下，"和过去的自己不期而遇后，我只想上去抽自己两个大嘴巴子，你TM到底每天在想些什么？"。

但没人舍得删掉一个字。

"删了，就怕忘了。"

2010年，十多位南京用户来到腾讯办事处，讨要被盗后遭封禁的靓号。他们愤怒地拉起横幅："腾讯，还我QQ号！"

旁人诧异："为了一个聊天号码，至于吗？"

至于。那不是号码，而是被QQ烙印过的时光。

2018年元旦时，朋友圈掀起晒18岁照片的热潮。第一批"00后"也要18岁了。

那些被QQ烙印过的时光，再次被打捞而起，大家互嘲："像葬爱家族在朋友圈开年会。"

QQ依旧很热闹，年轻一代正按照他们的规则建设王国。只是有些痕迹，已被深埋光阴之下。

2014年2月，知乎上有人发问："QQ和QQ空间会消失吗？如果有一天真的消失了，我们留在里面的记忆怎么办？"

有人答道："如果那一天真的来了，你就已经不在乎那些记忆了。"

2015年，沉珂在微博发文，自证身份。当晚，她的粉丝量从30

多万涨到150多万。

七年间，她结婚生子，在老家打理房产。她原本想重写记录自己青春期的小说。

然而，29岁的她，打开QQ，再也找不到当年的忧伤。

在得知腾讯可以注销QQ的深夜，我打开许久未登的QQ，注视着那些灰暗的头像，回忆与之相关的过往。

那些从陌生开始的缘分，终归要回归陌生。

朋友的签名，停留在许多许多年前，小四的句子：

"那些曾经以为念念不忘的事情，就在我们念念不忘的过程里，被我们遗忘了。"

药神的神药

▶ 离真实越远，离噩梦就越近。

一

2006年盛夏，新人导演宁浩带来《疯狂的石头》，一个有关时代的黑色笑话。

潮水般的笑声在影院内起伏，以至人们常忽略影片的真实底色。

电影其实讲了老厂转型、拆迁贿赂、工人下岗等问题。有人在高楼饮宴，有人在泥泞中求存。

在电影结尾，黄渤忘情地奔跑在公路上，面包店老板骑着摩托，边追打边调侃："跑啊，你还跑得过摩托车吗？"

人们在哄笑声中起身离场，影院外的夏天明亮、灼热。

没人料到，那个电影的结尾，就是接下来十二年的故事走向：不同阶层，奔跑在同一条时代公路上，距离越拉越大。

公路两侧，繁华楼宇如海市蜃楼般浮现，遮挡住我们投向真实世界的视线。

2018年，宁浩监制的《我不是药神》上映，豆瓣评分高达9分，这是十年来国产电影的最高分。

全国许多影院内，电影结束时，掌声自发响起。掌声致敬的是一部精彩的电影，更是电影敢于传递的真实。

《我不是药神》讲了一个小人物成长为平民英雄的故事，也展示了繁华城市中，一个个被重病击碎的人生。

无论是白领、神父还是舞蹈演员，重病之下，都跌入了大都市的背面。

那里是霓虹灯照不到的角落，你的尊严、矜持，你的骄傲、过往，都被碾轧成尘，最后只剩下关乎生死的粗野喘息。

没人敢保证自己永不跌落。电影中，患病的奶奶声音颤抖地问警察："谁家还没个病人，你能保证一辈子不得病吗？"

光鲜亮丽的生活被撕破了，浮华诱人的音乐停歇了，写字楼中密集如雨的键盘声倏忽中止，我们总想要命运的馈赠，也总忘记命运的残酷。

在某种意义上，《我不是药神》戳破了一个壳，告诉我们，没有绝对安全的人生。

二

中国的新中产阶层，一直生活在浮冰上。

他们通过自身的努力游过命运的暗流，登上浮冰，开启都市生活。他们不再为生存烦恼，有了更精致的追求。

他们爱艺术，爱旅游，爱奢侈品，脚下的坚实，时常让他们产生错觉，以为生活牢固不可颠覆。

他们中的许多人都不愿买商业保险，没有储备风险资金，对意外变故也没有应对计划。直到龟裂声传来，他们才恍然记起自己身在浮冰之上。

其实，浮冰上的生活并不安全。

当资产的增速追不上物价的飞涨时，浮冰将随时碎裂。

7月6日，一艘从西雅图开往大连的货船，成为众多中产社群的热议主角。

那天下午，它拉着上万吨美国大豆在黄海上全速狂奔，希望在贸易战打响前进港。

狂奔的货船，在海面上留下一道不祥的阴影。大豆价格上涨，将引发饲料价格上涨，从而全面影响鸡鸭鱼肉蛋的价格。

一颗豆子，就能摇晃你的生活。

从个体角度看，这个时代再无终身制职业，快速迭代的科技，让未来变得更不可知。

2008年，北京的诺基亚员工拥有免费班车、心理医生和健身教练，因为福利好晋升慢，许多人在上班时开起了淘宝店。

2014年，微软宣布诺基亚大裁员计划，大批技术人员失业，他们所会的技术已落后于时代。

当精致的生活全部依赖于工作薪酬时，一旦职场发生突变，生活也将随之被摧毁。

你看见浮冰边界时，沉没已在顷刻之间。

这就是浮冰上的中产，向上的通道是教育，机会已越来越少；向下的陷阱是疾病，时刻都可能发生。

中国的新中产大多是"70后"和"80后"，他们正处于人生中段，养老育儿的重担时刻在肩，每一位家人的重病，都将引发连锁效应。

还记得2018年春节时流传的那篇《流感下的北京中年》吗？

一股寒冷的穿堂风，带来诡异的病毒，感染一位硬朗的老人，从而让一个中产家庭深陷痛苦和慌乱。

在突兀的生死面前，所有我们以为的精致和秩序，都毫无意义。

浮冰已倾。

三

浮冰倾覆前，总会有警示，我们却常常忽略。

窦文涛说，他以前只想过自己的生活，看书，饮茶，偶尔看看电影也多是轻松故事。

在《锵锵三人行》中，他们会聊起癌症和重病，但总觉得那是别人的事。

直到几年前，他母亲突然住进重症病房，一天费用过万元，而且不知要住多少天，他才陡然慌乱，想尽一切办法挣钱，"人的不安在那时候才会被放大"。

名人尚且如此。对于普通人而言，命运的下滑、转折，往往带着难以承受的重压。

北京有位尿毒症患者，曾在京郊自己攒机器透析；河北7岁的白血病女孩，和爸妈说了六声谢谢后，自己拔氧气罩自杀；广州一家医院，五年内因患癌症不愿拖累家人而跳楼的病人总计20人……

在《我不是药神》中，病人吕受益深情地看了一眼妻女后，选择告别这个残酷的人间。

那一眼告别中，带着温暖的光，带着可以锤击心灵的沉重。

这正是《我不是药神》的可贵之处，它不仅倾诉了一个精彩的故事，更构建了一个真实的世界，将这世间的原味，传递给观众。

在韩国，电影《熔炉》播出后，全国舆论沸腾，政府重查旧案，修改和通过了一系列保障未成年人权益的法案，其中甚至包含一部《熔炉法》。

韩剧《未生》播出后，韩国专门推行了政府决策，改善临时工待遇。

或许，《我不是药神》是一个宝贵的开始。

十二年间，在浮冰之上，我们已看到太多浮华光影，听过太多虚幻神话，感谢《我不是药神》，终于掀开了这纸醉金迷世界的一角。

在点映式上，导演文牧野说："当你善待这个时代，这个时代就会善待你。"

而善待这个时代的前提，是知道这个时代的真相。

《我不是药神》最初的名字是《印度药神》，后来改成《中国药神》，最后才改成今天的《我不是药神》。

这个名字恰如其味。

这世界没有药神。

真相才是这个时代的神药。

请回答人间最后一题

▶ 黑夜中，我们从十米跳台上纵身跳下，虽然台下没水，但风很畅快。

一

几年前，琼瑶和丈夫平鑫涛看了部美剧，是一部丧尸片，台湾翻译为《阴尸路》。

90岁的平鑫涛失智住院后，琼瑶夜生一梦，梦见在台北最热闹的忠孝东路上，满街都是踉跄奔走的老人，每个人的鼻子上都挂着一根鼻胃管。

她惊醒，一身冷汗，顿觉爱人已生不如死，提议不要给平鑫涛插鼻胃管。

继子继女们怫然大怒：吾父只是失智，尚未病危，怎么就拔管了？针对琼瑶的冷言驳斥中夹杂着陈年情债，终演化成八卦风波。

琼瑶以琼瑶的方式，给故事收尾。她发千字长文，如泣如诉，满屏的感叹号。她宣布将远走海外，永别网络，后会无期。

79岁的琼瑶，依旧如少女般负气走天涯，毕竟远方或许还有胭脂、金锁和桃花，但现实中仅剩下只会呼吸的爱人和锁在躯壳中混浊的灵魂。

在死亡面前，琼瑶终究选择了逃避，她无法面对人生最真实的结局。

琼瑶发文前不久，金庸刚过93岁生日。老爷子一生办报论政，著书治学，是公认的大智慧者，人生的最后谜题只剩参悟死亡。

1976年10月，金庸的大儿子查传侠在美国自杀，时年不满20岁。金庸去美国，捧着儿子的骨灰回香港安葬。

金庸伤痛欲绝，一度想跟着自杀，"当时我有一个强烈的疑问，（他）为什么要自杀？为什么忽然厌弃了生命？我想到阴世去和传侠会面，要他向我解释这个疑问"。

他在报馆中写社评，边写边流泪。时光流转，伤口如新。

五个月后，他在《倚天屠龙记》的后记中写道："张三丰见到张翠山自刎时的悲痛，谢逊听到张无忌死讯时的伤心，书中写得太肤浅了，真实人生中不是这样的。因为那时候我还不明白。"

一句淡淡的"那时候我还不明白"包含了多少至痛。

后来，金庸将《明报》卖给了于品海，有人说那是因为于品海长得像查传侠。

记者问及此事，金庸回答："理性上我没这样想。但他跟我大儿子同年，都属猴，相貌也的确有点像，潜意识上不知不觉有亲近的感觉，可能有。"

对长子的思念和对死亡的困惑在金庸余生中如影随形，最终，他看到了《格林童话》里的一个故事。

有一个妈妈死了儿子，她非常伤心，从早哭到晚。她去问神父，为什么她的儿子会死，他能否让儿子复活。

神父说："可以，你拿一只碗，一家一家去乞米。如果有一家没死过人，就让他们给你一粒米，你乞够十粒米，你的儿子就会复活。"

那个女人很开心，就上路了。但一路乞讨下来，竟发现没有一家没死过人，到最后，一粒米都没乞到。她觉悟，原来亲人过世是任何一家都避免不了的啊。于是，她开始感到安慰。

金庸自言他从此学会了接受，并信奉佛教，可他依旧想不通，生亦何欢，死亦何苦？

二

中国人自古讳言死亡，更缺少生死教育。在死亡面前，我们总是狂傲自大或卑微失措。

秦始皇望着海雾中船队的残影；李隆基望着林中飘摇的白绫；苏东坡在密州望着天上的孤月，十年了，千里孤坟，无处话凄凉。

死亡无法抗拒，死亡不期而至，死亡即诀别。

可我们很少思考如何面对这诀别，一不小心就成了结。

马英九有个保镖，名叫郑小龙，高大帅气，少言寡语。

郑小龙功夫高强，曾四夺警界柔道金牌，他曾经有很长时间都不愿看武侠小说，他的身份证上写着"父不详"。

他是非婚生子，生父名叫古龙，是大侠、酒鬼兼浪子。

自6岁分别后，再与古龙产生交集时，郑小龙已19岁。那是古龙的葬礼，父子阴阳两隔。

他曾长久不能释怀，为何直到临终古龙也未召他相见？

其实，他的父亲也同样纠结。古龙临终前的最后一句话是："怎么我的女朋友都没来看我呢？"

古龙辞世后，他最好的朋友倪匡伤痛欲绝，执笔了古龙的讣告，并将其自评为平生最好的文章。

其中写道：**"人在江湖，身不由己，如今摆脱了一切羁绊，自此人欠欠人，一了百了，再无拘束。"**

然而，一了百了谈何容易，仓促作别，总会留下永久的暗伤。

也有人不愿慌张等待死亡。2017年年初，83岁的李敖对媒体自曝患有脑瘤，最多只剩三年活命。

媒体蜂拥而至，助理哭笑不得，解释说其脑瘤是良性的，所谓三年寿命都是李敖自己瞎猜的。

然而，一辈子特立独行的李敖显然已决定用自己的方式从容迎接死亡。

他准备在"最后三年"中继续完成《李敖大全集》，一年写一本。

"84岁如果还活着，就继续写，85岁时写85本，86岁时就写86本，不是说着玩。"

在他位于阳明山的寓所内，书房里只有古老书籍和美女裸照，老友只余窗外的蜘蛛，但李敖并不觉恐怖和孤独，他用自己的方式持续给世界留下刻痕。

十余年前，他来大陆演讲。在最后一站复旦，几个辛辣段子讲毕，台下笑声四起。

那时，他已多显老态，但生死面前依旧顾盼自雄，念了句陆游的诗：尊前作剧莫相笑，我死诸君思我狂。

三

互联网上残存了一段古老的视频，是王朔少见地接受腾讯采访的视频。

视频的台标还是消瘦的企鹅，受访时间大约是十多年前。

王朔在视频中不客气地打断主持人提问："你千万把我当成一人行吗？"

他说："像我这样的年龄，每年都会有亲友去世，每个人去世对我都是一个打击，二十多岁时我所有朋友都在结婚生孩子，三四十岁时都在离婚，现在每年都要死几个，再往后只会越死越多，一代人终要前后脚死。"

他提及与金庸骂战后有人讽他"尔曹身与名俱灭"。

视频中王朔一脸坏笑："光我'俱灭'吗？大家谁也留不下。"

他已能平常看待死亡。在他的作品中，死亡依旧伤感，但已并不严肃。

在小说《过把瘾就死》的开头，主人公和朋友半夜溜进公园的游泳池，在漆黑中玩高台跳水，然而，泳池中并没有水。

> 高处的风像鞭子一样唰的一下将我的皮肤抽得紧绷绷的，干燥光滑。吴林栋从我眼前像巨大的黑色蝙蝠张翅掠过。接着我登上十米平台，风像决了堤的洪水从四面八方汹涌而来。
>
> 与此同时，我听到黑黢黢深渊般的池底传来一声沉闷的钝响，那是肉体拍摔在坚硬水泥地面的响声。

死亡就这样猝不及防，充满黑色荒诞。人生就如从高台跳向没有水的泳池，结局都一样，关键是有没有跳得过瘾。

生要能尽欢，死才能无憾。

王朔的红颜知己徐静蕾在2013年冷冻保存了九颗卵子。

我觉得她比王朔还聪明。她或许没参透死，但一定已想明白了生。

人生尽欢，然后再在合适时间决定是否传承生命印记。

也许，这才是面对死亡的最佳姿势。

Chapter 4

在生命中，多凿几个出口

在生命中，多凿几个出口

> ► 灰犀牛沉默地冲了过来，最先被踩踏的是困守原地的人。

一

2003年，少年岳云鹏在潘家园附近的炸酱面馆刷碗，那年年底，五环才全线通车。

他并不知道这条路将改变他的命运，亦无力探索五环外的遥远世界。

那时的北京，繁华尚未铺开，五环外还可见大片稻田。鸡犬相闻，村舍俨然，其景象和象牙山下并无太大分别。

即便是在五环内，北京的喧嚣也只笼罩着部分区域。

地铁二号线环绕着紫禁城，一号线贯穿着长安街。西北的中关村已是繁华边缘，东南对角的亦庄，大片仓库，寂寥无人，偶尔还能看到风吹草低见牛羊。

那些年，京城还残存着沙尘暴的余韵。年轻的北漂会陡增"黄沙万里觅封侯"的豪情。

在风沙中仰望，虚拟世界如海市蜃楼般倒悬。搜狐、新浪、网易，各门户携资讯如乌云般覆压头顶，宣告一个时代即将降临。

2018年，北京的繁华早已四下流淌，187.6公里长的六环包裹一城的璀璨灯光。当年悬浮空中的网络世界，早已降落，并和现实重叠，难分彼此。

北京依旧如磁石般，吸引着全中国的逐梦者，只是在这个飞速迭代的时代，大都市不再是唯一的选择，更多人开始筹划他们的"第二城市"。

年轻人在北上广开阔视野、积累学识后，前往杭州、南京和厦门等二线城市发展，追求高性价比生活。

新中产在珠海和三亚等地投资房产，当下为度假之地，年老时便是归依之所。

还有创业者远征南洋，横跨西亚，借"一带一路"的机遇，在异国开启人生新冒险。

在一座城，从一而终，越来越不符合这个时代的脾性。

用最低的迁徙成本，寻找性价比最高的生活，正成为潮水的走向。

我的一位老友刚将"第二城市"设为昆明。

她说，那里四季如春，房子温暖、宽敞，有滇池的涛声，不远处还有洱海的风月。

当然，更吸引她的，还有即将开通的中泰高铁——从昆明到曼谷只需三个小时。她已计划好，要让幼子在泰国读国际学校。

我们在一座城市待太久，总会忽略世界正越来越小。

春节时，我在曼谷，满街都是笑语盈盈的华人。当地商家卖力地舞狮讨好行人，有女孩塞过来一张房产传单，上面是一栋栋现代楼宇。

楼宇旁标字：泰国，中国人的后花园。

二

在过去，许多人的人生中并无第二城市这一选项。

古人围水而居，水源和农田，是生存的基础。食物决定了生存半径，终老吾乡是一生的宿命。

那些远行的人，总有背井离乡的愁思。那口井，那亩田，便是羁绊。

新中国成立后，"70后""80后"的父母，告别农田，走入城镇。他们大多有在国营单位工作的经历，可其人生依旧无第二城市这一选项。

一张办公桌能用半生，一片厂区就是世界，生于小城，终于小城，是父母一辈的轨迹。办公桌和厂区，便是羁绊。

20世纪90年代，城镇化浪潮开启，小城孩子通过高考拥入京、沪，乡野青年通过打工步入都市。一代代年轻人，希望在大城市圆梦。

大城市光怪陆离，大城市时尚传奇，大城市资源高度叠加且信息不对称，总能在资源之中撕扯出一次次机遇。信息和机遇，便是羁绊。

网络时代，信息不对称带来的红利逐渐消失，命运的缝隙越来越少，大城市意味着工作机会多，意味着社交朋友圈。工作和社交，便是羁绊。

而今移动时代，工作场景逐渐虚化，社交则捆绑于手机之上。我们和朋友相隔千里，但在手机中，也不过拨指之间。

其实，同在一座城，朋友聚会也越来越少。把酒言欢要约时间，更多时候被缩减为在朋友圈点赞。

羁绊正在慢慢消失。

当工作机遇不再独享，当出行变得高效、快捷，当虚拟办公日益风行，一个大流动时代即将到来。

在那个时代完全开启前，第二城市便成为我们人生的重要规划。

寻找最适合的机遇之地，寻找最舒展的生活之所，寻找最安逸的养老之城。

如果说，兔子最灰暗的时刻，是在龟兔赛跑中。

那么，它最高光的时刻，一定是狡兔三窟时。

无论迎接的是机遇还是风险，我们总要在人生中多凿几个出口。

三

逃离北上广，只是情绪的发泄。那些真正离开的人，其实大方且从容。

他们中有许多人，在出发前都进行了周密的规划，并对人生的演进有着清晰认知。

那些尚未筹划第二城市的人，其实是受惯性思维所限。

大都市并无围墙，真正让我们举足不前的，往往是思维误判。

第一重误判，是筹划的时机。

筹划第二城市，无须等命运节点，更无须等财务自由，而应提早准备，并将准备工作贯穿人生诸多阶段。

对于年轻人而言，应锁定赛道，判断适宜自己发展的城市，并储备专业经验，提前学习语言。

对于中产家庭而言，应尽早规划财务，为未来的生活和子女的教育做好储备，并根据自身喜好，选择性价比最高的城市。

对于那些即将迁徙的人而言，应多维地观察第二城市，做好适应的准备。

那些一时兴起、去大理或丽江开客栈的人，其实走得任性、慌张。

他们对未来迷茫，未来便会回馈给他们失望。

第二重误判，是离别的模式。

离开北上广，并非再不相见的诀别。在不远的未来，我们或许会开启城市间的组合生活。

其实，一切早有雏形。

移居昆明的老友，在北京设有公司，借助网络遥控；定位上海的新媒体同行，作者其实遍布海内外。在天津到北京、苏州到上海的高铁上，许多人在上演双城记。

如果说，当下融合尚为原始，那么当超级高铁贯穿城市群、无人汽车奔驰于高速路、VR会议在自家书房中召开时，离开与否，已不再重要。

被距离放大的情绪，总会因科技而缩小。

九百多年前，大宋词人柳永，在宿醉中恍惚醒来。

柳叶微微摇动，晓风残月忽然触动情肠。

他在第二城市武汉，想念开封。

今日不必伤心。两地间，坐高铁只需三个小时。

从此之后，你将听从它们的口令

▶ 巨大的服务器围拢在舞台四周，台上的人类，正奋力表演。

一

2000年9月，西湖畔，初出江湖的马云给金庸敬茶。

那时，他脑海中的大数据，不过是老爷子的十四天书和自家的十八罗汉。

然而，在万里之外的美国西海岸，他的同行贝佐斯，此时已能用大数据构筑陷阱。

当月，亚马逊对68张DVD实行差别定价，定价依据来自网站收集的用户数据。

一张《泰特斯》碟片，对新客报价22.74美元，对购买力强的老客，报价26.24美元。

亚马逊的利润因此增加。但一个月后，就有用户发现了这一秘密，论坛上群情激奋。

最终，贝佐斯亲自道歉，说这只是实验，定价是随机设定的，以后再也不敢了。

一粒慢性毒药就这样埋于互联网的洪荒年代，毒性足以贯穿此后岁月。

那时的网民都天真，并且足够骄傲，以为电脑只是工具，数据只是痕迹，一切都可驾驭。

十八年过去了，一切并没有按最美好的构想发展。

我们向海市蜃楼招手，迎来的却是乌云摧城；我们向草原深处呐喊，引来的却是嗜血狼群；我们制造了数据洪流，也被洪流吞噬。

洪流早已淹没我们的生活。

如影随形的广告，在门户上霸占我们的视觉，在飘窗中扭动身姿，最后化妆栖身于信息潮中。

它们无处不在并时刻迭代，你搜索和输入的每一个字符，都能引发广告海啸。

而今，它们已进化到可以听懂声音。

客厅的智能电视、卧室的智能音箱，以及掌中的智能手机，都在时刻采集着你的声音，并在复杂推算后，为你定制广告。

这仅仅是开始，当掌握足够多数据后，洪流已能制造漩涡。

在知乎，关于"大数据杀熟"的提问，有15000余人关注，800多个回答。

绝大多数人在回答中都讲述了自己在电商和旅游平台上遭遇的诡异价格。

你刷新页面后见到的价格，可能是根据你的荷包和欲望，量身设定的价格。

无数数据流在虚空中盘旋冷笑，看着你跳进精巧的陷阱。

在国外，亚马逊早已不玩这些低级手段。

从2017年7月起，他们对网站上的所有商品实行了动态定价。

鞋类除臭剂制造商 Jacobs 说，一旦有媒体提到他们的产品，亚马逊上对应商品的价格就会上涨。

例如，当一家新闻网站推荐了该除臭剂时，亚马逊上该商品的价格会从 9.99 美元飙到 18 美元。

优步的研究则更甚一步。他们发现，当客户的手机电量低时，用户更容易接受 1.5 倍的价格，甚至 2 倍的提价。

没人知道他们用这个发现做了什么。

20 世纪初，镭刚发现时，被当作保健品。含铅汽油问世后，一度被作为高科技向全球推广。

从 1870 年到 1912 年，整整四十二年，被西方称为"大飞行时代"。

那时，鸦片被用来给小儿止啼，吸粉成为社交礼仪，海洛因是白领回家后的解压神药，而且能治疗咳嗽、胃癌和抑郁症。

我们总是欢呼着拥抱高科技，却看不到怒涛下的暗潮。

二

在数据强权的时代，每个人都如蝼蚁，所到之处总会留下数据轨迹。

轨迹中记录了你的出行路线、工作内容、餐饮喜好、休闲娱乐，记录了消费和财富，也记录了情绪和欲望。

起初，巨头们如野兽，沿着轨迹，蹑足潜行，仅作观望。

后来，它们开始截取轨迹，测算取样。

最后，它们汇总这些轨迹，并编织成数据牢笼，掌控我们的生活。

广告轰炸和大数据杀熟，并不是大数据阴暗面的全部。

随着数据洪流的激涨，我们必须做好更艰难的心理准备。

首先，我们可能迎来一个隐私消亡的未来。

2007 年，英国报纸称，《1984》的作者乔治·奥威尔的伦敦故居外，周围 183 米内，有 32 个摄像头。

那已是十一年前了，而今，摄像头只多不少，而且更为智能。

在人工智能加持之下，摄像头可以分析行踪，解读唇语，捕捉表情。

在大都市中，再难找到一个可以倾诉的树洞。哪怕是深夜公园里的寂寞哭诉，也可能被机器默默记录。

互联网上，更不可能有树洞了。连浓眉大眼的脸书都叛变了，还有谁可以相信？

最隐私的博客日志，在服务器上早被拆解万遍；最安全的云端相册，在工程师眼中不过是自家花园；

哪怕是功能单一的生活软件，后台也会拼命搜刮你尽可能多的信息：短信记录、支付习惯，甚至相册照片。

他们冠冕堂皇的理由是，这么做是为了防止刷单。而埋在深处的野望，无须多言。

2017 年 6 月，《财经》报道称，国内个人信息泄露数达 55.3 亿条，平均每人 4 条。

还记得那个被骗子骗走学费后自杀的山东女孩徐玉玉吗？

她的所有信息，在黑市上只值 5 毛钱。

失控的数据洪流，冲垮了她的生活，带走了她的生命，也最终淹没了她的死讯。

在消灭隐私之后，失控的数据洪流，将更进一步地控制我们的生活。

阿汤哥还年轻时，拍过一部科幻电影《少数派报告》。

在电影中，大数据可以提前预测谁将犯罪，从而预先逮捕。未来人人自危。

我们离这个未来并不远。

2017年，"滴滴出行"研究院发表论文说，用户打开"滴滴出行"时，"滴滴出行"能在2毫秒内，预测用户最可能前往的地点，准确率已超过90%。

美国罗彻斯特大学学者称，他们已可预测一个人未来可能到达的位置，最多可预测到80周后，准确度高达80%。

预测之后，便是掌控。

因为知道你的目的、你的倾向、你的欲望，那么自然可以把你引入设定好的人生。

你所看到的，都是符合你口味的信息；你所购买的，都是符合你心理的商品；你所度过的，都是数据推衍出的生活。

你已分不清，这是不是你主导的人生。

最初，它们跟踪你的生活；此后，你将听从它们的口令。

人类在失控的数据洪流中醉生梦死。

假山上的猴群，抢夺香蕉，忘记四周的铁网；温水中的青蛙，拨弄暖流，却不知锅底的烈火。

我们正参演《楚门的世界》，人类是主角，而观众是一台台漆黑、巨大的数据服务器。

三

2015年的博鳌论坛上，百度总裁张亚勤说，斯诺登事件后，绝对隐私已不存在。

斯诺登则说，预防个人信息泄露，最可靠的方法是遮住自己的电子设备的摄像头。

2016年，扎克伯格发布的庆祝照片泄露，他从此成为这句话的忠实信徒。他用胶带封住了笔记本的摄像头和麦克风。

就连美国联邦调查局局长，也将笔记本的摄像头贴上了胶带，并在大学演讲中，推广这一原始手段。

当然，一段胶带，拦不住肆虐的数据洪流。

《大数据》一书的作者、阿里巴巴前副总裁的涂子沛说，算法在黑暗空间中生长，最易滋生算法腐败。未来各国都将增设机构，进行算法审查。

对个体而言，想在洪流中独善其身，则只能以自身数据库对抗时代数据库。

人脑是自身第一数据库，当你放弃了自身数据库的更新，过度依赖外部数据时，自然会被信息流所左右。

这是一个艰难的更新过程。

你走出信息舒适区，不断学习跨界知识，算法茧房便再也困不住你。

你挣脱技术依赖，时刻保持警醒，"大数据杀熟"便很难坑杀你。

最关键的是，你要有一个清晰的人生规划，在数据流中保持决断力，力争做数据的主人。

陈塘关外，风雨如晦，龙吼从乌云中隐隐传来。

巨浪拍打城门，洪水转瞬将至。

不是每个人都有哪吒的乾坤圈和风火轮，都能战天斗地。

但我们起码可以，尽量到高处，尽量不逐流，尽量掌控自己的命运。

赌王不掷骰子

▶ 这个时代，有越来越多看不懂的选择题。

一

金庸有一个特殊的偏爱：在小说结尾，出一道选择题。

胡斐要选择砍不砍岳父，小宝要选择保不保大清，而张无忌要选择到底给不给眼前的女孩画眉。

床边的赵敏，窗外的周芷若，以及千里之外的小昭，到底选择哪一个？

张无忌出生于秋天的冰火岛，从日期上推算，他或许是天秤座，于是整部书都在纠结地做选择题。

选名媛还是选魔女，选正派还是选邪教，选复仇还是选宽恕？最后，他做了最重要的一道选择题——选江山还是选江湖？

选者左右为难，看者百感交集。张公子的每一步选择，决定着人生，扭转着命运，也左右着天下。

普通人的人生，没有这么戏剧性，但一样由无数选择堆砌而成。

你周岁时扑向胭脂还是账本，你中学时酷爱运动还是诗文，你高考时不会的那道题选的C还是D，毕业那个酷热夏夜，你选择的是留在大都市，还是返回家乡打拼？

那个雨天，那封被捏皱了的情书，最后送出了吗？

你在命运中左突右奔，每一步选择不同，命都不同。

无数道选择题，缠绕着你人生的每一秒，有些无关紧要，有些生死攸关。

虽然大部分都是选择题，但选什么，其实由不得你。

在我们的人生选择题中，占最多数的，是被动选择题。

它们虽然也有选项，但早已标好推荐答案，有时还是强制答案。

是安稳读大学，还是退学创业？是老实地做上班族，还是出国打拼？是按部就班娶妻生子，还是飘荡行走，看看外面的世界？

在规范的选项之外，是一片荒野之地。

荒草在风中摇摆，你形单影只，忐忑穿行，远方总有声音在呼唤你回到大路上来。

强大的惯性，让我们最终滑向相似的轨道。你不停地选啊选，却殊途同归。

还有一类被动选择题，没有推荐答案，却遮蔽了许多选项，只留一个给你，爱选不选。

在东北，曾有一代人，其人生选项，只有子承父业。他们以为，人生就是接过父辈的铁锤、扳手和火钳，在流水线上敲打人生。

生活是牛大爷的旧沙发，生活是牛小伟的杀猪菜，生活是牛小玲的唠叨、嬉笑与失望。

厂区外有更广的世界，但命运早已画地为牢。

选无可选。

2003年，在安徽合肥，30岁的郭德纲被综艺节目组塞进商场橱窗。

他要在橱窗内生活四十八小时。人流如潮，如看猴戏。

很多年后，他说，他只能接这个活儿。他得活着。

世界很大，天桥、张一元、国展都在远方不可知地。

世界也很小，不过玻璃窗内，两三平方米。

二

你被一道道选择题推着行进，人生有大片的冗长段落。

然而，长篇累牍之后，命运总会狡黠地出一道特殊选题。

这个时刻十分隐蔽，命运无辜地摊开双手，让你挑选早已准备好的纸牌。

相对于被动选择题，这是我们人生中数量稀少的主动选择题，是最关键的KEY选择。

被动选择决定细节走向，但主动选择，可以让一切推翻重来，甚至超越。

那些关键选择，发生时平淡无奇，但多年后回首，总会让人百感交集。

李泽楷看了眼腾讯，贾跃亭看了眼汽车，林毅夫看了眼跨海游来时用过的篮球，湖畔花园风荷院16幢202室里的前台，看了眼屋内吹牛正欢的马云。

而在2006年外贸生意不景气的夏天，公司小老板徐磊，看了眼贴吧上的同人小说，决定自己写个故事，取名《盗墓笔记》。

跟对了人，做对了事，选对了选项，命运就会跃迁。

有时候，个体的KEY选择会改写世界的进程。

对张学良而言，那是捉蒋还是放蒋；对肯尼迪而言，那是核战还是和平；对于1944年的德军司令肖尔蒂茨而言，那是好大一座巴黎城，到底烧还是不烧。

你永远无从预知，一个主动选择的力量。

被皇帝驱逐出京的柳永，决定做天下第一词人，他写杭州，说那里有"三秋桂子，十里荷花"。

东北的完颜亮看后垂涎三尺，念念不忘，誓言"提兵百万西湖上，立马吴山第一峰"。

金兵挥师南下，历史翻页不过一念之间。

那些选择，看起来像偶然，但其实背后藏着重重叠叠的必然，主动权都在你。

霍金留下的最后论题，与平行宇宙有关。

在最粗浅的解释中，每一个微小个体的每一次选择，都会分裂出一个宇宙。

你所在的宇宙，无论多宏伟还是多寂静，无论多喧嚣还是多寂寞，都是你选的。

三

这些年，我们踩过链家门前的传单，嘲笑过海口荒废的楼盘，伤感地凝视过A股的曲线，也兴奋地传诵过区块链。

我们听过李嘉诚的财富传奇，亲历过王兴的九败一胜，也望过胡玮炜骑着红彤彤的单车扬长而去的背影。

他们只是遵从了时代的选择。

每个时代的选择题，总会沾染上那个时代的气息。

在这个时代，安全稳定的被动选择越来越少，前途未卜的主动选择越来越多。

过往的经验不再适用，父辈的判断不再准确，这个时代没有终身制职业，没有终生化专业，自然也不会有终生不变的生活。

那些如山石般顽固的答案正如泥沙般被瓦解。

考上名校就工作无忧吗？留在体制内就岁月安稳吗？定居大都市就一定代表高质量的生活吗？

与之相对，命运出牌越来越快，主动选择越来越多，而且大多数选项都指向迷雾般的未来。

未来法相庄严，未来也易燃易爆，谁知道未来是何等模样？

有媒体大佬醉酒后吐槽说，最近这三年过得比整个前半生都颠沛流离，遍地是风口，进去一看，全是旋涡。

可即便如此，我们仍不得不选。

过去，我们可以在约定俗成的选择中过完一生，而今，则必须过五关斩六将般地答题。

在命运选题前，我们过于渺小，但答案仍有迹可循。

首先是增加选项。选项越多，空间越大，自由度也就越高。

李嘉诚跑市场时找到了冷门塑料花，王兴盯数据时挖掘出了团购电影票。

胡玮炜的部分记者同行，时至今日，依旧只会跑会发稿领车马费。

连选项都没有，谈何突围？

其次，做选择前，不妨先看看这个时代的主题。

这是个流动的时代，迁徙将成为常态；这是个进化的时代，学习将贯穿终生；这同样是个创意的时代，任何呆板、机械的工作都将消亡。

在90岁退休晚宴上，李嘉诚不胜其烦地说了遍商业秘诀，这或许是最后一遍："我能做成这样的事情，只是时代给了我特殊机会。"

最后，面对选择时，学会抗拒短线诱惑。

美国船王哈利考察儿子能否接班的最后一关，就是把他扔进赌场。

23岁的小哈利，站在一片墨绿色的赌桌前，无数骰子滚落的声音，如同命运晦涩的咒语。

欲望在低喘，心魔在狂欢，他一次次地搏杀，最后忘了所为何来。

当我们只有眼前的筹码时，选择最后变成了赌博。

有一次从澳门归来时，我在珠海机场看到一本有趣的书。

那是一本何鸿燊的传记。

这本讲赌王的书，名叫《不赌就是赢》。

爱情有价？

▶ 南有乔木，不可休思。汉有游女，不可求思。

一

1998年，赵宝刚筹拍新剧。剧组没钱，主角的家干脆在朝内大街的鬼宅取景。

男主角人选难定，赵宝刚在电视剧制作中心焦躁踱步。

制作中心的墙上贴着老电视剧《血色童心》的海报，海报中的少年眉清目秀。赵宝刚觉得，长大了也不会走样。

于是，陆毅懵懂地被拽进剧组。初次见面，赵宝刚有点失望，"背头，挺油，一胖子，我说：'你瘦到75公斤，我就让你演。'"

后来，就有了那部在千禧年播出的《永不瞑目》。

十八年的光阴过于漫长，轻易就能粉碎记忆。而今，只有KTV里会有人偶尔点起它的片尾曲《你快回来》，声震云霄。

然而，在当年，《永不瞑目》是当之无愧的神作，全国收视率高达48%。

它记录了那个时代的价值观，以及一代人对爱情的憧憬。

陆毅饰演的肖童，高大英俊，家境优越，父母旅居海外，他独居大宅，前途光明。然而，因为爱上缉毒女警，他甘愿卧底于毒枭身边，最终牺牲。

剧中没有阶层分野，没有财富隔阂，只有单纯的爱恨和残酷的生死。

在那个北京房价3500每平方米、大盘维持1000多点的年代，阶层间一片混沌，身份差异不过是体制内和体制外。

人们更关注的是牺牲，是那种为爱付出一切的极致。

《永不瞑目》的编剧海岩说，那个时代的观众比较文艺，"人们喜欢在文艺作品中寻找情感寄托，不像现在，只看喜欢的脸"。

从《永不瞑目》开始，海岩的故事统治了中国影视史近十年的光阴。

《拿什么拯救你，我的爱人》是生死纠缠的辩护；《一场风花雪月的事》是抛弃身份的私奔；《玉观音》则是历尽劫难后的宽恕。

海岩说，他向往没有交易的爱情，向往与金钱无关、与政治无关、与身份地位无关的纯洁之爱。

"真正的爱情，不是互相惩罚，而是彼此报答。"

那些年，瘦弱的企鹅还裹着围巾，一条短信就可千里暖心，商业街上尚未响彻《爱情买卖》，人们相信爱情终将跨越一切障碍。

《永不瞑目》开播两年后，狮子座普降流星雨，偶像剧《流星花园》风靡中国。

剧中的贫富差距已如鸿沟，但人们仍相信，只要足够努力，就能像穷女孩杉菜一样，让富家公子们如痴似狂。

很多年后，在《流星花园》的弹幕中，有"00后"留言："那个时代的大叔们好傻。"

二

世事变化太快，F4的浮华维持不到两年，便风流云散。2007年《奋斗》播出时，时代早别有气象。

在《奋斗》中，爱情依然肆无忌惮，却只能游走于物质框架之内。

有一掷千金的资本，才能玩玩纵情恣意的浪漫，否则还是过好自家的柴米油盐。

剧中，女配角在新婚夜偷偷跪在地上说："我嫁你，只是因为你能给我北京户口。"

爱情依旧很强大，但爱情已被标价。

两年后，在电视剧《蜗居》中，情感的价格更直白露骨。

漂亮女孩海藻，为了姐姐的6万元购房首付，向市长秘书宋思明求助。

她遭遇了跨越阶层的强大逻辑："只要是钱能解决的问题，就不是什么大问题。"

情感和肉欲最后成为可以交易的商品，用海藻的话说就是"人情债，我肉偿了"。

她成了中国影视史上著名的小三，在精致的面孔下，藏着无数破碎的纹络。

电视机前的观众口中怒斥着小三，心中却不免隐隐恐慌。

海藻的命运背后其实藏着大城市最阴暗的一面，在物质化高压之下，谁又能独善其身？

海藻的姐姐海萍说："从我醒来呼吸第一口气开始，我每天要至少进账四百，这就是我活在这个城市的成本，这些数字逼得我一天都不敢懈怠。"

这只是基础数字。那一年，任志强对外宣称北上广房价远没到高点，还大有空间。

很遗憾，他都说对了。

在一个数字压力越来越大的时代，感情易碎，甚至可以交易。

《奋斗》大火时，其编剧石康尚单身，他说自己的下一个目标，就是写书挣钱买别墅。

"姑娘看见小房子扭头就走，看见大别墅或许就留下在一起了。"

无论它是不是笑话，都不好笑。

一切正变得越来越直白。

在2012年播出的《北京爱情故事》中，杨紫曦把宝格丽、普拉达、香奈儿摆在前男友吴狄面前，怒斥道："等你能给我这些时，我都老了。"随后，她义无反顾地投入有钱人的怀抱。

朋友劝吴狄："如果今天你开的是法拉利，杨紫曦她绝对跟你走！"

豪车的气缸声，刺穿这个时代。

恍惚中，我想起了在枪口前微笑倒下的陆毅。

三

几年前，海岩出版新书，在活动现场，他神情寂寥。

他说："我们那个时代跟现在这个时代不太一样了，好在每个人都可以有自己的生活，你可以贴近时代，你也可以跟时代拉开一个距离。"

在时代快车中，所有人都被迫变得小心翼翼，爱情也是如此。

抖音中那些寂寞的调侃、游戏里那些短暂的连麦，使心与心在高科技下短暂碰撞，又飞速分开。

阶层固化消灭了童话，物质高压减弱了浪漫，人们对爱情极度渴望，也极度谨慎。

权力和财富日益侵袭着这个时代的爱情，局中人悲喜难明，比如最近热映的《南方有乔木》。

我们习惯了影视作品中女人为了生存出卖身体。

这一次，换成了男人。当1985年出生的陈伟霆在1978年出生的秦海璐面前，依次还给她三辆车钥匙、房产证明、股权转让协议书时，秦海璐问陈伟霆："这是你花七年青春换来的，为了追求真爱，值得吗？"

七年前，陈伟霆饰演的男主角时樾，因被朋友陷害被开除军籍，断送梦想。

在犯罪集团做卧底时，他遇见了秦海璐饰演的安宁——一位黑帮大佬的女人。

时樾因父病借贷，走投无路。也许是爱情作祟，也许是权力和金钱的诱惑，大佬被捕后，他放弃了"好人"身份，委身于安宁，两人去美国打拼。孽缘缠绕七年。

七年后，他遇见了同样醉心于无人机事业，出身却与他有着云泥之别的南乔。

时樾想挣脱危险关系，但要面对一个比《蜗居》更残酷的世界。

阶层裂开鸿沟，金钱主导命运，在一个连男人都要出卖色相的时代，纯情是奢侈品。

童话里，真爱总是无敌的。然而，在这个高度物质化的时代，还有人追求这样复古的爱情吗？

在《永不瞑目》中，肖童在做卧底期间与毒枭的女儿欧阳兰兰产生了一段孽缘。他利用着这段爱情，也厌恶这段爱情。

十八年间，许多人为此纠结："肖童的真爱无敌，可欧阳兰兰又有何过错？"

在《南方有乔木》中，时樾同样当过卧底，同样与黑帮大佬的女人产生了感情。

同样有人纠结发问：时樾借爱上位算不算渣男？面临生存困境出卖自我，值不值得原谅？七年间被迫耽误的青春又该怪谁？

在这样一个情感被精确计量的时代，没有绝对的对错，没有黑白清晰的奉献和索取，每一个沉醉其中的人，得失自知。

相比于男主的复杂，明朗大气的女主，更像一个光明的出口，承载着这个时代对爱情的最后期望。

女主的名字叫南乔，和片名一样，取自《诗经》。

"南有乔木，不可休思。汉有游女，不可求思。"

南方有高大的乔木，我却不能在上面休息；江边有美丽的女子，我却追求不到。

我们对爱情畏惧，我们对爱情渴望，我们终将渡江，挣脱诱惑，拥抱乔木。

我正在做一件什么事

▶ 她叫咪蒙，是朋友圈的话题教主，左右着许多人的喜怒。

她擅长制造旋涡，也被旋涡裹挟。她批罗尔，撕林丹，教育千万实习生，朋友圈掌声如雷，骂声四起，她乐在其中。

她边吃大闸蟹边接受采访，蟹汁淋漓，往事也这样赤裸裸地被撕开。

一

望京SOHO某一间办公室内，向阳飘窗边，白色蒸锅内蒸着玉米和紫薯。

当粗粮的香气填满办公室时，咪蒙到了。

她刚给短发染了色，心情明快。

办公室桌上残留着员工前一夜集体吃火锅的痕迹。咪蒙毫不在意，在余痕边熟练地拌起老家的四川凉皮，并嘱咐蒸大闸蟹的同事，给她留上一只。

她贪吃，但也烦恼微胖的体形。

她最怀念小学时光，那时她不胖，长得可爱，高矮也看不出来，三年级就是大队长，时常主持各种大会和升旗仪式。

班上三分之一的男生暗恋她，每天放学，许多男孩跟踪她回家，"我就是我们小学的林志玲"。

小学开始，她就沉迷电视剧。仗着成绩好，别人温习功课时，她就死守电视机，经常熬夜到很晚。

她很小就能看懂剧情。言情剧里外婆不懂的，咪蒙还能解释给外婆听。

习惯保持了很多年，直到高考前一夜，她还在追电视剧。

她的作文从来不是语文老师喜欢的类型，"老师喜欢美文，我从来就不会写美文"。

初中时，她写周记，回忆她4岁时走丢的历程，其实就是一路走来走去，吃这吃那，跟卖糖葫芦的、卖棉花糖的搭讪，等等。

老师说描述不错，但立意不高。这个评价跟了她许多年，她浑不在意，反而理想就是当作家或语文老师。

在她上高二的年代，郭敬明还未出道。 青春期稍微矫情了一会儿，她就喜欢上了鲁迅和钱钟书。他们辛辣犀利的文风为咪蒙打开了新世界的大门，"原来文章可以这么写，就像遇到真爱的感觉"。

大学的时候，她开始给报社投稿，写两性故事，重口味。

后来，《齐鲁晚报》上登了一篇，编辑辗转联系到她，说文章不错，希望持续投稿。那是她人生第一次觉得"写字牛×"。

然而，专栏作家不是她所爱，她想做记者。

她喜欢《南方周末》1999年那篇著名的献词《总有一种力量让我们泪流满面》。

"看完就觉得我一定要当记者。"

二

她自嘲自己是特爱管闲事的性格，"挺爱操心别人的事，不关我屁事的事也想管"。

所以，做记者称心如意，可以名正言顺管闲事，顺手改变世界。

她加入了《南方都市报》，开始在时政版块实习，后来做副刊生活版块，同时跑教育、时尚和美食三条线。

当时她租住在深圳的一个城中村。高楼大厦包围着一片破败老房。老房的门脸大多都是发廊，红裙黑丝的小姐当街揽客，楼房过道内偶尔有瘾君子注射毒品。

咪蒙的房间没有空调。她入职那个八月，深圳如蒸笼。她在房内热得放声大哭。

即便如此，记者这个职业还是让她精神充实。有时，她会为取一个标题几夜睡不好觉。

那是纸媒的黄金时代，整个报社都被理想主义气息包裹，"那时想一辈子都待在报社，每天都感觉血流速度特别快"。

有一次，新东方去深圳办学，筛选老师的时候，咪蒙就坐在教室后排旁听。

选拔很激烈，讲得不好就让当场走人，北大、清华的高才生也不例外。人在上面讲着，评委直接中途打断说："你讲的什么鬼？"把人的自尊踩在脚底。

在她的稿件中，这次选拔被用游戏化的方式表现出来，写成了当时的流行节目《幸存者》的真实版本。

后来，俞敏洪来深圳新东方学校视察，说这是报道新东方办学最有意思的新闻。

"你随便给我一个什么东西，我都能把它写有趣。"咪蒙说，这是在《南都》训练出的本事，也是后来开公号的底气。

三

在《南都》的后期，咪蒙白天上班，晚上就上网写剧评，批评国产剧"怎么会犯这些逻辑错误"，言辞激烈且不留情面。

底下有人评论"你行你上啊"，咪蒙想"行啊，上就上啊"，"等老子一出马，虐死你们"。

于是，她开了家做影视的公司"万物生长"。想开就开，这很符合射手座的作风。

事情被她想得很简单，口号喊得很大："北有华谊，南有万物生长。"

从最开始的狂妄到后来被虐，她开始反思其中的道理。

"当你在某个行业的积累不够时，你就想靠这个行业赚钱，这个出发点本身就不端正，你轻视了在这个行业工作了很多年的人。"

"你都没有积累，就想完爆别人，这个出发点太可怕了。"

"万物生长"的失败经历让咪蒙知道要尊重专业。

她选择了回归最擅长的写作和评述。2015年9月15日，她启动了微信公众号"咪蒙"。

她大多深夜发文，讲故事或道理，一如当年深夜给外婆讲解言情剧。

流畅的文字附以犀利幽默的文风，咪蒙很快走红。

当然，更重要的原因是，她的观点总能撩拨起公众的情绪。

爱她者痴狂，恨她者入骨，讨论咪蒙从习惯演变成时尚。

她多次被骂上热搜，被花样鞭笞。

最初她莫名其妙，后来她焦虑，为此还曾密集地读了一个月书寻求宁静。之后，她的心态平和了许多，"随便你怎么骂"。

当然，女生毕竟是女生，她还是补了句："骂得最厉害的人，我会把你的名字记下来。"

她一直精准地踏着新媒体的步点。

最近她发现自己在趣味方面没有新东西了，比如后台留言里有人说"咪蒙，你标题套路了""咪蒙，你写过的东西又写一遍"。

那好，没有趣味了，就将薛之谦微博通读一遍，找新的方式；标题套路了，那就更要学习，压榨本来就不多的业余时间；写过的东西又写了一遍，那就绝对避免旧题，找新灵感。

咪蒙把公众号当成一个趣味试炼场。日常生活的每一分钟都会触发她的写作灵感。

睡前，她会躺在床上把社交媒体上的热点都看一遍。豆瓣上的热门话题、天涯最热的帖子，以及自己微博和微信上的评论，都是她的线索库。

"理性地想，其实我也会被人取代，但是在那之前，我要尽自己最大可能做好。要是真的被取代了，我还可以去写剧本啊。"

还有一个选择是画画。她37岁开始学插画，同班的都是五六岁的小孩。

同事问她，你从没有想过现在学这个东西太老了吗？

"我真的从来没有，从来没有觉得学一件东西会太老，喜欢就去做啊。而且我心里面总是觉得，有一天我会很屌。"

四

咪蒙的广告费一路走高，传说中她最新的头条文章，刊例价已达百万元一篇。

她从不讳言对金钱的追逐："真的真的，开公司必须赚钱。我现在特别特别认可马云说的，一个不赚钱的公司就是犯罪。"

其实，工作了十二年，车、房早已解决。但咪蒙说，开了公司就意味着责任，不赚钱的公司对员工来说，很可怕。

她其实很在意她的员工，虽然写了篇文章说实习生应该任劳任怨，招来满屏骂声，但受访的咪蒙手下员工和前员工，对老板的评价都很高。善良和真诚是出现最多的词汇。

至于那些爱她的粉丝，已经把她拔高到人间指南的地位。

有人靠她脱单，有人靠她育儿，有人靠她缓解产后阵痛，有人靠她排解寂寞，有人靠她手撕了小三、婆婆和女上司，有人手抄了她全部的文章，并称抄完后体内犹如注入了洪荒之力。

有一天，咪蒙不小心用自己的名字点了外卖，外卖店老板竟是她的粉丝。最后，老板打败了外卖小哥，亲自跑来送餐。

还有一次咪蒙招聘，有人投了简历，说想做新媒体撰稿人。在线问答时，咪蒙以为是年轻女粉丝。结果来了一看，是一位1963年出生的大姐。

大姐在青岛做过很多生意，赚过很多钱，虽然历尽世情，但仍然觉得"是咪蒙启发了我内心的梦想"。

在"拜咪蒙教"中，类似的例子不胜枚举。

对这些都市人而言，咪蒙已是一种新的信仰。

但咪蒙并不觉得，她甚至认为把她和信仰连在一起，本身就是一种很萌的想法。

她说，她只是用她的方式，记录下这个时代。

我们喜欢什么，反对什么，都可以在她文章中看到。

这正是咪蒙最喜欢和正在做的事情。

天台在上，赌神在下

▶ 在天台嬉笑久了，常忘了天台下是深渊。

一

1998年的热风，穿过巴黎圣法兰西大球场，在八万人面前，罗纳尔多失魂落魄。

开赛6小时前，他在酒店内口吐白沫，全身抽搐，没人知道他经历了什么。

那是20世纪的十大悬案之一。坊间传言，法国赛后减免了巴西3亿美金国债。

还有说法称，法国为此送出了两个中队的"鹫式战斗机"。

当然，流传最广的版本中，幕后黑手还是赌球公司。在那场决赛中，仅来自亚洲的赌金便超100亿美金。巴西一旦夺冠，赌球公司将面临巨额赔付。

重压之下，赌球公司收买了巴西队队医和酒店厨师，用俄罗斯黑帮惯用的投毒手段，搞定了罗纳尔多。

传说带着强大的黑暗逻辑，以至如幽魂般穿越了两个世纪。

法兰西夺冠第二年，王晶拍了《赌侠1999》，张家辉扮演化骨龙。他用荒诞的方式，重演了法兰西决赛夜，调侃电视前的千万赌徒。

那场球，其实是许多人赌球记忆的开始。

1997年香港回归，香港《赌球指南》被游客带回内地。

在广州和深圳，酒吧昏暗的灯光下，开始有人低声讨论水位和盘口，手臂上带有文身的小庄家常会端着啤酒凑上前，问你需不需要买"门票"。

"门票"是行话，每场球押下几百上千，就当是去现场买门票，买90分钟刺激。

开赛前一小时，庄家会给遥远的未知之地打一个电话，可能在澳门，也可能在欧洲。赌客不需要付钱，赛后根据输赢，定期和庄家结账。

1998年，澳门博彩公司围绕世界杯组织了一场有史以来规模最大的足球博彩，赌球终于火遍内地。

上海球迷小米，跌倒在了那个法兰西决赛夜。

他花5万元赌巴西胜，后来为还债，他把家里位于长宁的一套房子以6万元的低价出售。此后二十年，他将深刻明白赌球的代价。

更多人期盼着在四年后翻盘，他们期待着2002年的韩日世界杯——有中国队的世界杯。

为打击地下赌球，2001年，中国推出足球彩票，并可竞猜世界杯八强。

有高中生拿出几个月积累的200块钱，全部买了彩票，而且在竞猜的每一种组合里，都买了中国队。

那些没买中国队的彩民，也无缘大奖。随着韩国一路神奇晋级，全国没有一个彩民猜中结局。

这并不是中国第一套有关足球的彩票。1992年，中国足协曾利用当年的东亚四强赛，试水发行过彩票。

当时的彩票两元一张，全北京排长队疯抢，在北京门头沟，甚至有黄牛倒票。

彩票的故事，最终被写进《我爱我家》。游手好闲的贾志新，在中国队战胜朝鲜队后，悲愤扬手，彩票纷落如雪。

"该赢的时候你不赢，不该赢的时候你逞什么能啊！"

这句话，我最近在朋友圈看到过很多遍。

二

2002年世界杯，国内足彩销售额不到3亿元，而地下赌球掠走125亿元。

日后被媒体称为国内反赌球第一人的任杰，正是在那一年接触赌球的。

任杰是重庆人，1992年来京务工，1997年创业，2002年世界杯下水。2004年戒赌时，他已输光200万元公司资金、200万元存款、两套住房和一部轿车，欠下百万赌债，后来自杀未遂。

任杰说，那段日子与世隔绝，浑浑噩噩，家庭亲友都不存在了，脑子里整天想的只是盘口和赔率。

他说，赌球的人都不好色。他的一个朋友赌球三年，没跟老婆过过一次性生活。

十年前，任杰举报的重点还是各级地下庄家，然而很快，庄家的身影便消失了。

互联网的普及，让赌球的门槛越来越低，遍地的博彩网站取代了幽灵庄家。

2010年南非世界杯期间，段子手奉劝女生："如果你男朋友支持的队伍和你支持的队伍不幸相遇，暗地里还是期盼他的队伍赢比较好。因为你可能只是在默默支持，而他则多数付出了真金白银。"

2014年是国人赌球的巅峰时刻。人人都是赌神。

当年，国家对网络售卖彩票的监管不像如今严格，支付宝和微信可以直接把彩票功能集成到客户端里。

有人估算，淘宝彩票在世界杯期间最高日销售额达1亿元。

同样热门的词还有天台。那里是所有赌徒宿命的终点。

在无数QQ群和微信群内，悲喜总如过山车，有人截图狂喜，有人懊恼癫狂。那些吵嚷着上天台的人，往往只是游戏中的过客。真正想上天台的人，已沉默难言。

当一切失去限制，人心的欲望最难克制。

赌球热浪席卷互联网每一个角落，人们感受着炙热，却忽略其毒辣。

任杰的反赌球博客停更于2013年，他从江湖上消失了。

消失前，他说，他所知因赌球自杀的，仅一年内就有58个。

三

今年世界杯开幕后，苹果商店下载榜的七款应用中有四款可买彩票。

6月19日，在国家干预下，各路彩票App下线，但赌球的故事并未中止。

天台依旧是热门游览地，"压谁谁爆冷，买谁谁翻车""足球反着买，别墅靠着海"成为最流行的世界杯格言。

同样的故事，只是四年一个轮回。

有人翻出了高晓松四年前的一段视频。高晓松说，世界杯就是博彩公司操控的玩物，巴西队是最爱配合博彩公司的球队。

前央视评论员段暄听后勃然大怒，毕竟阴谋论已亵渎了这项地球上最迷人的运动的圣洁。然而，他的驳斥很快便被调侃声淹没。

人们更愿意相信，有一个强大意志在操控着足坛，操控着胜负，也操控着他们的财富。

阿根廷输给克罗地亚后，有球迷一本正经地分析其中的原因："世界经济不乐观，阿根廷经济形势严峻，足协面临经济危机，球员收入微薄，需靠赌球赚取收益。爆冷输球，是最好方法。"

他还解释说，梅西没有赌球，队友知道他为难，就尽量不给他传球。梅西为了国家利益，只好忍辱负重，背起输球的黑锅。

这样的故事，总会在天台上流传，那是抱团取暖的最后安慰。

其实，天台相对而言，还是幸福之地。毕竟，对于那些有心情调侃天台的人而言，赌球还只是游戏。

孔二狗2012年写过一本纪实类小说，名叫《赌球记》。书中有一对夫妻，匿号庄见愁，极擅控制情绪，最后还是输得灰飞烟灭，几近家破人亡。

这是赌球最可怕之处，你可以赢下一百场、五百场，甚至一千场，但能永远赢吗？

书中总结了赌球的三个阶段：那些喊着小赌怡情的，处第一阶段，知道收手；开始负债狂赌的，处第二阶段，接近疯狂；而无朋无友、无钱可借、无家可投的，处第三阶段，万劫不复。

孔二狗说："不管以前这人多优秀，到了第三阶段，基本上就废了。"

那是天台下真正的深渊。

天台在上，赌神在下。

我们在天台上嬉闹，而天台下的黑暗，一直在无声等候。

他还有一个名字，叫二环十三郎

▶ 十年后复盘往事，陈震兴味索然。

话说，其实我挺烦"二环十三郎"这个称呼的，真的。

退一万步说，二环十三就十三吧，您还加个郎字干吗呢？简直土爆了。

十年来，我无数次成为教科书里的负面典型，为什么不能有本教材写写我现在在干吗呢？

——陈震

一

十年光阴并没有在陈震身上留下多少痕迹，他戴着黑框眼镜，眉眼间依旧英气逼人。他在视频中评车，语速不疾不徐。

他的节目叫《萝卜报告》，在优酷上的总点击量已超过1.4亿，其微博有216万粉丝，已有"90后"喊他震叔，但更多人还是喊他萝卜。

当然，在百度百科里，他的名字后面还有一个括号，内填"二环十三郎"。

2006年，京城有一个传说，相传有玩车高手能在晚上九十点钟时的正常车流下仅用13分钟就跑完长达32.7千米的北京二环。

这意味着汽车时速至少要达170千米，每分钟要超过266辆汽车，稍有分神车就会瞬间被撞成废铁。

十年后复盘往事，陈震兴味索然，说那不过是年轻时的荷尔蒙游戏，"为什么选二环？因为别的环一箱油跑不完"。

2005年夏天，陈震和几个玩车的朋友打赌在公路上飙车，最后一名请客。后来他们觉得让起点和终点重合会更有"比赛"感。

于是，夜幕下的二环开始聚拢更多年轻人。上海甚至台湾的"飙车族"也慕名而来，车的马力也越来越大。

前十一次在二环飙车时，陈震留下了无数传说。他曾8分钟就跑完一圈。还有至少三次，他踩刹车到底都已无济于事，眼看就要撞上时，前面的车却躲开了，"点儿幸"。

那时候，北京的改装车圈子公认陈震最快，谁要赢了他谁就是最快的。

曾有一个来自南方的挑战者，他开一辆三菱EVO6.5的改装车，排气管粗得离谱，出厂就有300匹的马力。而陈震开的高尔马力撑死有100匹。

挑战那夜，陈震先是一路领先，到南二环车少了时对方追了上来，还在超车的时候故意点了脚刹车，挑衅地看了陈震一眼，轰鸣而过。

高尔发出如困兽般的轰鸣，搏命之下车速已达尽头，车已经开始断油。极速之下，驾驶全凭感觉，菜户营桥、白纸坊桥和天宁寺桥一眨眼就过去了。

到西二环时，车流略微拥堵，陈震终于反超对方。

最后，对方疯狂追赶到只差一个天桥，但陈震先过了终点。

这是一个危险的游戏。一次飙车时，一辆斯巴鲁八代STI在路上出了车祸，再也没能赶上来。还有辆奥迪TT在二环迷了路，上了西二环后压着紧急停车带一路开到了西客站。

最初的快感消失后只余恐惧，但陈震无法退出，圈里的竞争者会说："陈震你不敢跑，怂了。"

他只好硬着头皮上。他在自传中回忆说，那种感觉就像《头文字D》里藤原拓海被人挑衅一样。

飙车传说在第十二次后宣告终结。

为了抓住他们，警方封堵了西二环，陈震因"扰乱社会秩序"被拘留。第二天，媒体头条封他为"二环十三郎"。

一切在时间洪流中模糊不清，他依稀记得，飙车时车里放的是蔡琴的歌，好像就是那首《恰似你的温柔》。

二

2015年年底，电影《老炮儿》大热，吴亦凡扮演了"三环十二郎"，往事被再次勾起。

陈震不喜欢电影中的角色，没人问过他的意见，人物塑造也与实情不符。

他并非公众想象的富二代，更非欺男霸女的纨绔子弟。他更像是《余罪》里的张一山，一个打小就聪明的北京男孩。

陈震在北京南城长大，一直不是老师眼中的好孩子，打架，偏科，考试靠作弊。高二那年他主动退学后自学成为程序员，17岁便独立赚钱。

学业问题一度令父母失望到极点，他索性搬出去住。他成了西单图书大厦的常客，靠自己读书获取知识。

做程序员有了收入后，他开始玩摩托，经常和一帮朋友去"跑山"——在陡峭的山区弯路做出惊险的"压弯"动作。

他曾目睹一位朋友在山路上摔车被烧成火人，第二天就不幸离世。但这无法浇灭他对速度的痴迷——在高速下遇到障碍时，他从不会刹车，而是快速寻找新路。

后来，他辗转几家汽车网站做编程，也认识了几个爱开快车的朋友。

偶尔他会和一帮玩车的朋友去野营，"改车"和"飞街"是他们最爱聊的话题。

2005 年前后，北京环路不像现在这般拥堵，93 号汽油也还在 4元上下徘徊。一些车友论坛刚刚兴起，改装车文化还在萌芽。汽车不再仅是出行工具，也意味着生活方式。

第四代高尔夫、宝来、斯巴鲁 WRX、三菱 EVO 等车型的热卖令改装配件市场也随之火热。

陈震看到了机遇，他辞职开了家改装配件进口批发公司，商标是个醒目的字母 G。他曾经解释说，这可以让人联想到 G 点。改装车也是这样，改装让他兴奋，让肾上腺素增加。

他算得上北方最早做这笔生意的，顾客蜂拥而至。

曾有开豪车的金主轻轻说了句"换全套，最好的"，并不介意二十几万的价格。

他开始用古驰（GUCCI）、路易威登（LV）、威图（VERRTU）等奢侈品和金项链来武装自己，并流连北京、上海多家夜店，但又很快厌倦。

"那时认识的女孩大多是不踏实的类型，当然那会儿我也不是什么踏实人，其实那样的状态挺别扭的。"

陈震说，他对家庭其实是很传统的人。2008年他结婚了，老婆从认识他起就没上过班，安心做全职太太。他的生活也驶入平稳赛道。

三

2009年，《南方周末》回访二环路上曾经的飙车族后得出结论："二环十三郎"们早已"从良"，成为上进的中产好青年。

而今，陈震拥有一辆保时捷帕拉梅拉、一辆保时捷Macan Turbo和一辆奔驰G。三辆车是他自己赚钱所购，都是从车友圈里淘到的二手车，价格几十万到百万不等。

他的工作经历也丰富多彩。不做改装生意后，他在汽车之家做了三年主持人，自评为"上了三年带薪广院"。

2014年，他开始独立做视频节目，最开始叫《车震》，后来更名为《萝卜报告》。

他又一次抓住了时机：中国汽车市场的体量增长数倍，短视频也迎来风口。

他前往各地评测，大部分时间在天上飞，车行轨迹遍布中国的戈壁、雨林和山区，甚至国外。

他不满足于仅仅测评车辆，开始向百万观众介绍防霾口罩、空气净化器、无添加剂的餐巾纸和性价比更高的外套等。

他解释说，推荐的产品他都用过，觉得品质有保障才会推荐，"比如空气净化器，我拆开看过滤芯，这么长"。

35岁的陈震不再迷恋酒色，而是习惯每餐吃素；他不再追逐名牌，冬日套一件三百多元的羽绒服，穿舒服后还在节目中推荐。有空时他就去健身房，他不仅是新媒体人，还是职业的摩托车赛车手，体重控制尤为重要。

2010年陈震的第一个孩子出生，很快就要到入学年龄了，陈震希望他去国外接受教育，为此曾尝试移民加拿大。2014年他决定在美国买房，生下第二个孩子。

他说，国外的房产都置办好了，就等着适当的时机将孩子送到国外接受教育。

每个时代都有专属那个时代的荷尔蒙出口。

在"60后"眼中，他是叱咤京城的"小浑蛋"；在"80后"眼中，他是奔驰二环的"十三郎"。那么在"90后"和"00后"眼中呢？谁知道。

二环车流如梭，陈震平稳上路。十年间，他连个超速违章都少有。

他现在最服气的是马路上那些横冲直撞的电动车，那是比他当年更恐怖的存在。

人生越界：大佬的起点和你的机会

▶ 这是一辆高速奔驰的列车，窗外景色混沌，目的地未知。

一

冬风从铁丝网缝隙中呼啸穿过，铁丝网下方破洞中，潘石屹踉跄钻出，眼前即深圳。他没有边境通行证，到南头关后，身上仅剩八十元。他拿出五十元委托蛇头带路。

1987年的深圳尚无高楼林立，多是土坑和卡车。在这里，卡车车轮卷起的每一团沙尘都带着时代粗粝的力量。

虽然只是简单的钻铁丝网，但潘石屹完成了人生的第一次越界。

他的人生边界不再是甘肃天水外的河滩，不再是廊坊石油管道局的院墙，他可以看得更远。

当然，他此后的财富神话不乏因缘际会，更有晦涩难明的因果推动。但回溯起点，潘石屹的故事正是从跨越人生边界开始。

这个故事模板几乎适用于那个时代的所有大佬。

比潘石屹大一岁的史玉柱毕业后被分配到了安徽省统计局。机关内岁月静好，同事们和善沉默，一套桌椅可以用大半生，然而，史玉柱不喜欢。

统计局内的电脑多配有四通打字机，一台打字机售价高达两万元，却没人想过，为什么不直接用电脑打字？

在编写了一套名为"M-6401"的录入软件后，史玉柱离职南下深圳。他混迹于深圳大学，蹭学生宿舍和机房，直至被老师赶出。

1989年，他在《计算机世界》刊出了第一条广告："M-6401，历史性的突破"。

这是史玉柱第一次做广告，命运轻轻点了下头。

看，依旧是越界的故事，史玉柱把人生边界从冰冷的白墙，拓展至温暖的南国，并借助小广告，进入了更广阔的世界。

整个20世纪80年代的商业史，其实就是一部越界的历史。

黄光裕把电器从广东番禺倒腾回北京，牟其中把飞机从俄罗斯倒腾回四川。

雷军倒腾的距离最短，他只是从武大樱园宿舍骑自行车到电子一条街。骑车只需二十分钟，但已是两个世界。

他随身带着一个旧包，包里是三本编程参考书和二十余张软盘，软盘中写满花样繁多的小程序。这些是他撬动人生边界的工具。

你的人生边界在哪里，决定了你人生舞台有多大，也决定了你能获取的财富以及最终的阶层。

二

所谓的人生越界，究其本质，就是寻找信息不对称创造出的机会。

最初，越界集中发生在地理层面，只要有判断力和行动力，即可捕捉到时代的机遇。20世纪80年代的闯海人和特区人皆在此列。

随着传媒和通信工具的发展，国内各地的信息落差被逐渐抹平，钻再多次铁丝网也复制不了空手套别墅的神话了。

于是，越界党们开始远行海外。20世纪90年代的风云人物多有留洋背景，他们利用欧美和国内的信息落差收割新一轮红利。

当信息时代到来，地球村最后一个角落也亮起灯光，地理层面的越界宣告结束，先行者开始拓荒虚拟世界。

翻译员马云去美国出差见识了互联网，回来后开始做中国的黄页，当时嘲笑声四起。但1997年年底时，网站营业额做到了700万。

竞标失败的马化腾拿着一个叫"OICQ"的失败作品欲哭无泪，这个原本给广东电信定做的软件意外成为自家孩子。不过很快，那个由瘦变胖的企鹅彻底改变了中国。

模仿雅虎的搜狐、模仿谷歌的百度和模仿推特的饭否先后出现，虚拟世界的信息不对称提供着一轮轮越界机会。

相比于地理越界，虚拟世界的越界根基更虚幻，也更考验魄力。

1999年，购买了《黑猫警长》版权的陈天桥给自家企业设计了一条小康之路：办卡通杂志，给奥迪和飘柔等大厂商做互联网动画广告。

两年后，行业不景气，资金无法到账，公司裁员一半，上海市动画协会推荐给他一个看似没谱的韩国游戏厂商。

他按动鼠标，电脑上石门吱呀打开，粗糙的沙巴克显出轮廓。他决定倾力一试，哪怕未来完全未知。

三

从现实世界至虚拟世界，信息鸿沟正逐渐被填平，越界机会越来越少。

那些先行的越界者成为财富俱乐部的固定会员，拥有得天独厚的优势。

无论是投资还是开拓新领域，他们都占据着极大的信息红利，并致力于将这种优势传承给下一代。

对于人数不断增多的新兴中产家庭而言，他们无从越界，甚至看不见边界在哪里。

这个时代如同一辆飞速行驶的列车，中产阶层坐在列车中部，窗外是一片混沌景色。

列车广播隐约播放过有关人工智能或星际旅行的信息，但下一站的确切地点并未明言。

通往贵宾席的车门许久未开，中产们焦躁难安，他们只能让自己更聪明、更敏捷、更有学识，以期前挪座位，并避免被流放至后排车厢。

当然，也有勇敢的越界者，他们从车窗跳下，投身茫茫荒野之中。有人创业成功，弯道超车，在下一站等候，并登上了贵宾席。

更多人则成为荒野中的枯骨。

其实，无论是车内积蓄力量者，还是车外奔跑的创业者，都在等待一个大机会。

列车的座席从来不会一成不变，时代每一次震荡交错，座位总会被重排。

2012年的傍晚，我在海淀打车，路上司机的手机突然发出了"滴滴"声。师傅不耐烦地掐断声音，"这玩意儿就是瞎扯，屁用没有"。

窗外，中关村暮色四合，曾经熙攘的海龙电脑城门前一片寂静。

那些从天空飞回来的故事

▶ 故事的开始，常常有梦指引。

"摩登中产"发起了一场特殊的故事征集活动。

大家在后台写下的故事已被印在纸飞机上搭乘氢气球飞上高空，并随风散向世界。

我们无从知晓每个纸飞机的最终归宿，就像无从预知每个人的命运走向一样。有些故事被拾起，有些故事将永藏世界的某一个角落。

我们的故事主题叫"发现"，我们在凝望命运，命运也在凝望着我们。

· 挂着符文的老屋

当我还是孩子的时候曾经生活在一间老屋里，老屋原来的主人是个老人，屋里挂着奇怪的符文。我一个人在这间小黑阁楼里睡觉，总是重复做一个相同的梦。

梦里，我无助地在屋里被一个看不清楚模样的人虐待。我很想看清他的脸，但是只能看到一个黑色影子，每次都被吓哭。后来搬出去之后，我就再也没有做过这个梦了。

·我好想你，我一直都在

我梦见了人鬼相恋，女生和男生在飞机旅行中相遇，在海滨城市相爱。在故事上半段，女生发现男生是鬼后仓皇逃跑。梦中途我醒了，去上了个厕所，回来后居然梦见了下半段。

多年后女生回到两人相爱的城市，在海边的粉色沙滩上她捡到了男生留下的声音贝壳："我好想你，我一直都在。"女生听后泣不成声，却再也找不到男生。而我怀疑自己是不是被托梦了，因为醒来后感觉心痛到窒息。

·阳光下的男孩

高一时我做了个梦，梦见走廊尽头的窗边站着一个男孩儿，阳光洒在他身上，发着光。梦后没几天，我上课迟到，一路飞奔上楼，一转弯，看到走廊尽头的窗边站着一个男孩儿，阳光洒在他身上，发着光。

现在，那个站在窗边的男孩儿成了我的老公，我们有一个儿子，一岁半，生活幸福美满。

无论是美梦还是噩梦，背后映射的总是啼笑皆非的生活和光怪陆离的世界。

·命运的安排

我心心念念期待着毕业旅行，期待着学位授予仪式，却在毕业典礼前一个月得知爸爸得了癌症，生活突然失控。当同窗接受校长拨穗的时候，我正在手术室外忐忑不安地等待爸爸出来。经历了三个月的煎熬，不知道恐慌与害怕还会持续多久……

我本是很注重仪式感的人，突然觉得这些仪式好像并没有我想的那么重要。频繁的复查让人心神不安，出乎意料的是，在最失控最不安的时候，我遇到了他，命运给了我最甜的相遇。

你永远不知道命运给你安排了什么。

·女友竟是我长辈

在我们那个小地方，一个高中也没几个班，遇到兴趣相投的就更难了，但我和女朋友就是那时候认识的。全校就我俩爱看动漫，还会一点儿日语。后来也很巧，我们在一个大学读书，然后一起做动漫和日剧字幕，和其他情侣一样分分合合。

大概谈了八年后，终于见家长了，却惊讶地发现我们是远房亲戚，她还大我一辈儿。

·西藏有豹子吗

在国道318出巴塘途经芒康段时，从车前方的左侧山上下来一只黑色走兽，一开始我以为是藏獒。它穿过路面踱步到道路右边，面部轮廓和走路的姿势像猫，但是体形太大，只可能是豹子。黑豹？没想到自驾进藏的路上能遇到如此山野生灵。问题是，西藏有豹子吗？

剥开那些让人啼笑皆非、光怪陆离的外表，生活无非这样：有明明白白的悲喜，也有莫测难解的挣扎。

·爸爸突然来了

2009年秋天，我上大二，换了手机号后专门给父母打了电话说换了新号码。大概三周后，我正在图书馆时电话响了，是同寝室的人打来的，让我快回宿舍，说我爸来了。我很纳闷儿。

到寝室后，我爸说你手机怎么都打不通，还以为你被别人骗走了或者手机被偷了，你也一直不往家里打电话。从那之后，每两周通一次电话成为我们的习惯，确认安全与爱都存在。

· 那道题的答案

一年前，研究生复试时，我坐在等候区的角落看书，坐我旁边的哥们儿复试结束出来，跟我说了他的复试题目，很遗憾我不会，翻书也没找到答案。

抱着侥幸心理，我进了考场，遇到了一个并不幸运的题目——那个在复试前一个小时得到的题目。复试落选，又是一年，我仍未找到那道题的答案。

悲欢有时，离合有时，重要的是，人间共此时。

· 掌中

十年前，我以为抓住一只蝉就抓住了整个夏天。五年前，我以为牵着她的手就抓住了一生的爱恋。而现在，我以为捂住了保温杯就抓住了整个中年。

· 三岁的小可爱

我是尿毒症患者，做了一年透析，等肾源中。身体无休止地疼痛着，自杀的念头不止一次闪过，后来终于等到了，肾源来自一个三岁的小可爱。

现在我想，大概是上帝自有安排，让我经历了二十岁不该有的挫折，让小可爱还没经历人生就成了上帝的天使。未来的未来，以后的以后，我会带着她去看更大的世界。

· 花式转站

我有一个喜欢的人，几乎每天都会在上班的路上遇到他。现在我已经不在之前的公司上班了，不用再走那条线路了，可我还是会为了碰到他去花式转站。可是，我每次遇到他都紧张得什么都不敢做。

· 跨越九环的幸福

我们的爱情走了九年，熬过了幼稚、成长、异地、分合，也搞定了双方家长，却在最后关头触碰到了病魔的门关。

有劝分手的，有介绍家庭优渥的对象的，但我们坚持从一而终。即使在帝都买不起30平方米的小房子，即使隔着九环只有周末才能见一次，但我们还是坚持着，渴望打破命运的大门，破茧幸福。

在欢乐与痛苦交织的轮回里，命运就这样被我们走得曲折。

· 她带着我们的狗嫁给了别人

和她在泰国定情后，回来我们便一起生活。在大理求婚成功，却在走到民政局门口时因为一件小事争吵，婚事一拖就是两年。千辛万苦结束异地恋后，我们重新开始，却又因为结婚戒指的问题，最后没能在一起。

现在，我的手上戴着她送我的手表，床底放着我们的婚纱照，而她已经带着我们一起养大的狗，嫁作他人妇。

· 最后一次给她拍照

我本是一名三十年不出门的技术宅，因为喜欢她的笑，我走出了小黑屋。抱着"毁一生，穷三代"的决心，我倾尽粮草买了一台单反，只因为她说，总是在自拍，要是有个专业摄影师就好了。

最后一次给她拍照，是她和他的婚纱照，眼泪浸湿了我的取景器，打湿了我的滤镜。笑着给她拍照，哭着给她修图，最后她拷走了成片，我哭得像个小孩。最后，格式化了三万多张她的照片，清除了我的记忆卡，仿佛她从未在我的镜头里定格。

兜兜转转中，曲折的轨迹会将人生画得圆满，还是留下缺憾，我们无从知晓。

·如果我真的被拐了

记得两岁半那年，有次逛超市，爸爸被妈妈叫到货架前看东西，我在对面看玩具时被一个不认识的胖叔叔抱走了。估计他是第一次作案，从超市入口往外走时因太紧张被保安大叔拦下了。最后，我坐在锁柜台上荡着腿，听着广播等爸妈来。

那是关于命运最初的记忆，如果我被拐走了，估计就会断手断腿去乞讨，现在也就不会躺在大学宿舍的床铺上打字了。

·我和两个咖啡师

因为工作关系我认识了两个合作的咖啡师，喜欢其中一个，然后就开始追他。后来换了工作，依旧在追。

表白失败后我很难过，偶然看到另一个咖啡师发的朋友圈就和他聊天，问他都怎么回复女孩子的追求，一来二去就成了好朋友。后来他换了住地，跟我完全顺路，我们每天下班后一起吃饭、回家，再后来就在一起了。

·树洞给我回信了

2013年年初，我经历了进入职场以来最大的迷茫，辞职在家空窗了几个月。偶然翻到一本书，书中写实了我当时的状态，似有人陪伴，焦虑感减轻了许多。书的最后一页是个邮箱，我只当它是树洞，将我所有的情绪都丢了进去。

没想到，有一天，树洞回复了。从那天起，我有了一个笔友。我们保持着并不频繁的交流，每一次都是短短几行字，但都能激起彼此内心的温暖。做了四年笔友，来往三十封邮件，从未见面。有一个人，你舍不得见面。有一个邮箱，你用心收藏。

这些只是我们收到的故事中的一小部分，更多故事已藏入这个世界。

我相信，当你倾诉自己的故事时，你的命运已发生了细微偏移；同样，在我们看这些故事时，我们的命运或许也在发生微小改变。

这就是倾诉与倾听的最诱人之处。

Chapter 5

大势将至，未来已来

我们只知大势将至，却不知未来已来

▶ 惊喜或阵痛，将贯穿我们的余生。

一

九寨沟地震发生18分钟后，中国地震台网的机器写了篇新闻稿，写作用时25秒。

稿件用词准确，行文流畅，且地形、天气面面俱到，即便专业记者临阵受命，成品也不过如此。

再考虑到25秒的写作时间，机器可谓完败人类。

几年前，"机器写作"的概念刚出现时朋友圈中一片调侃。调侃中难掩骄傲：机器怎么能写新闻？

而今，当读到科技、财经或体育类简讯时，我们已很难分辨报道背后的作者到底是不是人类。

在今日头条上，一个名叫小明的机器人于2016年上线。截至2017年5月，它已完成5139篇体育类报道，总阅读量超1800万，并收获过单篇十万以上的佳绩。

在每篇开头，小明会很老实地写上"机器人写作"字样。如果删掉这句话，它可以完美地掩饰其人工智能的血统。

当然，小明还不会花式调侃国足，目前仅处于采集数据与填写模板阶段。

然而，就如其他许多行业中正在成长的人工智能一样，它们一旦出现于赛道，人类将难以望其项背。

智能机器人在混沌中慢慢睁开双眼，它模仿我们写作，模仿我们说话，并逐渐把感官触角蔓延至更冷门的领域。

2016年10月，西甲赛场上，皇马在主场被意外逼平。比赛结束时嘘声四起，愤怒的克里斯蒂亚诺·罗纳尔多嘟囔着回应，这一幕被摄像机拍下。

全世界都在猜他说了什么，最后，唇语专家解密，罗纳尔多在说："Qué poca calma!"，大意为"能不能安静点！"

然而，这极可能是唇语专家最后的高光时刻，他们的职业突然濒危。

2016年春天，开发出阿尔法狗（AlphaGo）的谷歌旗下公司"深度思考（DeepMind）"开始训练人工智能解读唇语。他们给机器观看了5000小时的BBC新闻，然后找来人类专家对决。

测试结果是，人类专家的完全正确率为12.4%，而智能机器人的完全正确率为46.8%，超过人类3倍，而这仅是它初步学习的结果。

在中国，相关公司也进行了类似开发。他们给机器看了一万小时的新闻联播，因为汉字一字一音等便利，中文读唇更为简单，机器识别的准确率已超70%。

这意味着，嘴唇轻动，人工智能便知心意的日子很快就会到来。事实上，人工智能读唇在军事情报、公共安全等领域有着广泛应用。

比如，借助已经遍布中国各城市的天网系统，人工智能读唇或将提供更多破案线索。

那时，你说的每一句话将不会消散在时空中，而是成为可以回溯的痕迹。

在这样严肃的功用之外，读唇还有更多妙用。

在业界，为影音自动生成字幕的难点在于，人工智能很难将人声和背景音剥离。但配合上人工智能读唇后，准确率将大为提高。

我们将携带翻译软件行走异国，浏览翻译软件处理的网页，观看自动生成字幕的电影，语言的界限将越来越模糊。

远古，神灵为了阻止人类窥伺神国，用语言分割族群，巴比伦塔就此荒颓。

而今，人工智能正在重建巴比伦塔，重建的速度或许已快过神明。

二

钱塘江大潮时，有段视频在网上走红。

视频中，人们正在江边观潮，前一秒还在拍照嬉闹，下一秒就遇浊浪如山，只得尖叫逃跑。

这和我们将要面临的人工智能浪潮何其相似。我们极有可能低估了新时代的力量，以及新时代到来的速度。

过去，人工智能被封存在科幻电影中的未来里。阿尔法狗亮相后，它们等候在"不久的将来"。直到生活中人工智能的痕迹越来越多，我们才明白，它们已在"明天"，甚至"今天"。

我们只知大势将至，却不知未来已来。

演唱会开场之际，万人体育馆内一片喧嚣；郭德纲尚未出场，小茶馆内杯盘作响；炎热的夏夜，乌云蓄势了整个黄昏。人人皆在等雨来，只有少数人看到云中缭绕的电光。

我们正处于一个躁动的调试时刻，人工智能正在调试自己的神魂和硬件，以待全面登场。

在谷歌、亚马逊、阿里和百度，在各领域大大小小的公司内，无数工程师正在从不同维度完善人工智能的神魂。

他们的做法其实和传说中苗疆人养蛊相似。

养蛊人寻找多种毒虫投入陶罐，择日深埋土下，最后罐中胜者成圣，养蛊人以血肉定期供养。

对智能机器人而言，它所须打败的对手便是各类训练用机器人，而放养它的陶罐则是整个互联网。

智能机器人游走在巨大陶罐内观察人类，并日夜不息地迭代进化。

对于那些拥有海量用户的互联网巨头而言，我们正充当着他们训练机器人的人肉样本。

医疗机器人正在学习识别龙飞凤舞的病历报告，驾驶机器人正在模拟复杂多变的突发状况。

写作机器人早已看完了金庸的全集，并已经能流利写出郭靖和杨康的打斗场面。当然，它尚须学习人类的文学喜好，明白哪类句子在感觉上更好。

牛津的学者给出了人工智能神魂健全的时限：十年之内，机器人将变得足够聪明，并消灭40%以上的职业。

如果说神魂健全的时间线尚显模糊，那么从硬件上判断，人工智能全面降临的速度可能更快。

未来学家雷·库兹韦尔(Ray Kurzweil)认为，当我们用1000美元购买的电脑产品能达到人脑的计算速度时，人工智能时代将全面到来。

1985年时，1000美元能买到的电脑产品的计算速度不过是人脑的万亿分之一，1995年变成了十亿分之一，2005年是百万分之一，而2015年已经是千分之一了。

按此速度，2025年个人电脑便可和人脑的运算速度匹敌。

持类似观点的还有软银集团的孙正义。

孙正义认为，人脑中有300亿个神经元，当芯片的晶体管数量超过300亿时，新时代即将到来。

虽然摩尔定律已垂垂老矣，但芯片上的晶体管数量仍在增加。

孙正义说，二十年前他判断超越之年为2018年，几年前他又重新估算了一下，依旧是2018年。

为此，软银成立了一个规模约1000亿美元的软银愿景基金，其规模超过全球所有风险投资总和。此前，全球风险投资总和约为650亿美元。

在2017年7月20日的软银世界大会上，孙正义说："我非常激动，真的感觉连睡觉都是在浪费时间。"

三

并非所有人都对未来满怀期待。

脸书（Facebook）的项目经理马丁内斯就对人工智能主导的未来深感悲哀。

他认为，接下来三十年内，一半的人类将没有工作，大革命即将发生。

他为此辞职，带着猎枪隐居在西雅图北部的森林里。

他的一些硅谷同行们则与之观点相反。这些高管热衷于健身和服用营养药物，以保证能活到超人工智能诞生之日。

在他们眼中，人工智能将带来永生。

毁灭和永生，几乎是人类对人工智能的两大终极想象。即便这些太过遥远，但仅从工具角度看，人工智能依然有着双面性。比如人工智能解读唇语，如果用在监控领域，那么我们或将迎来一个比《1984》更令人窒息的世界。

无论结局是忧是喜，我们都无力阻止其发生。新时代的洪流已至，你我皆被裹挟其中。

我们能做的，只是在洪流中尽量抓住一切带有想象和创造元素的稻草，尽量逃避被淹没的命运。

从今日起，尽量让自己的工作有更多创造性内容，尽量掌握一门以想象力为核心的技能，尽量观察信息的风口，并不断更新自己的认知储备。

旧职业的消亡只是开始的讯号，在新时代的巨震中，每个人都将被重新判断价值。

九寨沟地震时，风景区内正上演汶川大地震的情景剧。大地震颤之际，许多游客尚以为是演出特效。巨变总在猝不及防时到来。

同样，我们已身在大时代地震的震中，当我们以为人工智能不过是流行演出时，巨变或许即将发生。

目中"无人"

▶ 目中"无人"的时代就这样悄然开启。

一

在玛雅人的末日预言破灭后第二年，亚马逊董事长杰夫·贝索斯在电视节目中透露了一个秘密项目。

他说，亚马逊的无人机将跳过国际快递UPS和联邦快递，飞越美洲和欧洲的山脊，直接将包裹送至顾客手中。

对此，推特上调侃声四起，无人当真。

然而，此后三年，亚马逊一口气将无人机迭代了七次，并于2016年冬天完成首飞。

首飞地点位于英国剑桥，运送的货物是亚马逊电视盒和一袋咸甜口味的爆米花。

从下单到取货，再到借助GPS定位飞抵，无人机全程耗时13分钟，无人操控。送完货后，无人机自己飞回家中。

在亚马逊无人机完成首飞的同一年，京东的无人机也在刘强东老家起飞。

2016年夏天，京东的三轴无人机在江苏宿迁曹集乡同庵村居委会升空，十分钟后，飞抵五千米外的旱闸村居委会。老乡们在树下掐腰观看，笑容憨厚而茫然。

一年后，京东在"6·18"购物节时将十辆无人配送车开进了中国人民大学的校园。

每台造价相当于一辆奇瑞QQ的无人车，可以自动避障和识别红绿灯，车身遍布雷达和摄像头。

到达目的地后，无人车会发送短信告知收件人取货密码，然后等待人脸识别，并提醒"抓紧哦，30分钟见不到您我就自己先回家啦"。

在无人配送车亮相半个月后，7月5日，李彦宏坐着一辆红色吉普自由光出现在了北京五环上。

他坐在副驾驶座上，驾驶位则坐着百度智能汽车事业部的总经理顾维灏。顾维灏没摸方向盘。

当天，百度正在举办人工智能开发者大会，李彦宏在车里和会场视频连线，视频里会场一片欢声雷动。

李彦宏春风得意了两天之后，在杭州国际博览中心三层，马云的无人超市试营业了。

好奇的人们扫码入闸，穿梭于由摄像头和感应器监控的货架之间，并在最后的结算通道前合影留念。

没有收银员，也不用掏手机，走过结算门就会自动结算扣款。在这个超市，虚拟和现实的次元壁被凿穿，在机器眼中，你只是行走的ID账号。

超市门外，等待尝试的人已排起长队，他们一边嬉笑一边忙着发朋友圈，讨论和调戏人工智能的方案。

一如很多年前那些在磨坊中围观蒸汽机的农民，那些在炮火中喝下符水的拳士，以及那些在特斯拉展示交流电的舞台下矜持微笑的贵族绅士。

少有人感到暴雨将至前的湿意，也少有人听见冰川移动的声音，目中"无人"的时代就这样悄然开启。

1906年圣诞前夜，在美国马萨诸塞州，人类第一次开启了无线电广播。科学家播放了自己拉的小提琴片段，并朗诵了段《圣经》。

温柔的旋律过后，大时代摧枯拉朽般降临。

二

契诃夫说过，当一把枪在故事开头出现，那么你终将会听见射击声。

当人工智能和大数据积蓄了足够力量，开始频繁在新闻中现身时，那么新时代的到来已不可避免。

在碳基生命统治地球超过40亿年后，硅基生命终于降临，它们在虚拟世界中塑造灵魂，并蚕食现实。

现在看来，阿尔法狗只是硅基生命的一次善意试探和撩拨，在现实世界中，它们已开始了进化的历程。

人工智能不再是人类的工具，而成为人类的替代品。

人工智能对现实的蚕食将经历三个阶段，它们最先替代的，将是"体力工种"。

比如富士康工厂中重复同样动作的工人、农田中挥汗如雨的农民、奔走于各个小区之间的快递员，以及在超市中长时间站立的收银员。

无他唯手熟尔的劳动，将第一时间被替代。

接下来，人工智能将替代"经验工种"。

比如驾龄几十年的老司机、工作多年的外语翻译和常年问诊的医生。当人类积累经验的速度比不过人工智能的推演速度时，替代将不可避免。

最后，人工智能将冲击"创意工种"。

这是目前看来人类能坚守的最后屏障，虽然微软小冰已经开始学习写诗，国外通讯社也已经用上写稿机器人，但在想象力和创造力的领域，只要人工智能还未萌发意识，人类尚有机会。

当然，如果人工智能萌发了意识，所有的对抗和争夺将同时停歇，碳基生命将不再是世界的主人。

三

每当新时代到来前，总有人嘲笑说，那是杞人忧天。

比如，他们认为，无人机只是亚马逊的商业噱头；无人车只是京东的营销手段；李彦宏的无人驾驶车轧了实线；无人超市再好，还是有18%的人逃单。

确实，亚马逊的无人机只能在白天起飞，携带重量不能超过5磅，运送范围也超不过几十千米，且天气要晴朗无云。

京东的无人车爬不进电梯，战胜不了熊孩子，也比不上憨厚、勤恳的快递小哥。

而那些被马云淘汰的收银员，还可以做超市促销。机器再好，总不如人眉眼如花，能言善道。

然而，他们恐怕没有想过，在这场飞速演进的进化中，人工智能和现实的磨合期又能有多久？也许一个摩尔定律周期后，这些阵痛皆成往事。

我们正处在新旧时代的磨合期，恐怕也是最难熬的过渡期。

在过渡期，一切都是变幻的，一切也都是不可靠的。

在过去，我们可以选择学一门专业，然后投身一个行业，静享半生安稳时光。

然而，在过渡时代，你会发现，没有绝对安全的行业，也没有绝对安全的未来。

我们所能做的，只有立即开始学习新技能，而且是那些充满创造力和个性化的技能，同时努力使财富增值，努力成为洪水到来前爬得稍高一些的人。

在"无人"走红的夏天，位于长安街11号的北京电报大楼悄然关闭了电报业务，人去楼空。

老电报员在微博上发了一串摩尔斯电码。

意为："吾于1982年入职北京电报局，目睹35年变迁，时代变革天翻地覆，无以言表，故以此纪念。"

魔匣中的 100 亿机器人

▶ 2017年11月1日晚11时01分，它从时光中一跃冲出，带着不变的懵懂，以及1999年的风尘。

一

平井一夫已经57岁了，执掌老迈的索尼也已超过十一年。

十一年间，索尼被时代激流冲击得踉踉跄跄，惊艳世界的随身听（walkman）已成为遥远的追忆。

平井一夫上任那年，索尼大厦将倾。财政困境下，他被迫修建了一座坟墓，埋葬了一个时代的野望。

坟墓的主人叫作AIBO——一条人工智能机器狗。

它在错误的时间提前降临到了这个世界。

1999年，索尼发布了第一代AIBO电子狗。AIBO和日语"同伴"一词发音相同，而"AI"两个字母，虚弱地呼唤着十几年后的今日。

这是人类第一台真正意义上的家用机器人。它能记住声音、容貌，会表达欢喜、悲伤，甚至具备初级的自我学习能力。

只可惜，那是1999年。

它诞生时，刘慈欣还没在《科幻世界》上发表过作品，马云还只能在电视机前看李连杰白衣飘飘。

那时，围棋还是人类独有的骄傲，而在刚开业的海龙大厦内，你握住64兆内存条，就握住了整个世界。

AIBO领先了整整一个时代，这是人类的惊喜，也是它的悲哀。

最初，这条科技感十足的机器狗，只是索尼表达骄傲的方式。

第一批AIBO只生产了3000台，售价达2000美元，结果在十分钟内被一抢而空。

全世界被它的机械式卖萌征服，连比尔·盖茨都私下找到索尼，表示很想拥有一只。

此后，AIBO总计推出五代，截至2006年停产时，全球销量超15万台。

15万台误入时代的AIBO迷茫地打量着人间。它们陪着主人成长，并在时光中老去。

智慧的光芒，开始一点点熄灭。有伤感的粉丝把AIBO送进人类寺庙，诵经超度。

而更多的AIBO则灰尘蒙面，被深藏地下室某个角落，守护一个遥远的梦。

这是一个伤感的结局。

就像流传已久的《机器猫》终卷，故事最后，哆啦A梦因故障躺在冰冷的橱柜中。

野比世修别无他法，只能寂寞地等待未来的到来。

时间是鸿沟，时间也是解药。

2017年，平井一夫宣布重启AIBO，并重新召集了散落各地的项目组老同事。

2017年11月1日，三只白色机器狗缓缓跑向了舞台中央。平井一夫抱起了一只新AIBO，闪光灯下，机器狗眼中露出好奇之色，一如十几年前。

二

AIBO重生的新闻被淹没在潮水般的新闻流中，并未引起太大震动。

或许，这正是AIBO们所期待的时代，它们可以自然地跑入生活，并能感受到更多同类的气息。

软银发布的人形机器人Pepper，在过去三年内已在日本机场、车站和商场等处，被投放了一万多台。

在日本三大银行之一的瑞穗银行内，Pepper负责引导；在东京一家雀巢咖啡店内，Pepper负责点单。

2016年，Pepper进驻比利时的奥斯坦德医院，现在那里的访客和病人已习惯了机器人的招待。

如果说误入1999年的AIBO纠缠了太多宿命，那么出生在如今这个时代的机器人，已能享受平静。

当我们能和机器人自然相处时，现实和未来，便已开始叠加。

在上海的无人仓库里，每天有20万件包裹被机器人收发入库；在商场专柜旁，机器人导购不吃不喝，8小时无间断地陪伴顾客。

菜鸟网络的基普拉斯机器人，双十一过后开始给女生送货。科大讯飞的机器人晓医，2017年夏天就通过了执业医师考试。

据国际机器人联合会的数据估算，2016—2019年全球家用服务机器人将迎来井喷之势，累计销量将达4200万台。

仿佛只是一个恍惚，机器人便已挣脱工厂流水线，冲破科幻电影屏，成为我们生活中的一员。

它们拙笨，它们谦卑，然而它们神智已开，成长惊人。

阿里双十一售罄的天猫精灵、百度大会刚推出的Raven H和谷歌拼命在全球布局的Google Home，你真的以为只是普通的智能音箱吗？

它们在观察和学习人类，并终将进化出肢体，拉下一个时代的幕布。

软银旗下的Boston Dynamics公司创始人马克·雷伯特认为，机器人将引领一次超越互联网的新浪潮。

"互联网让每个人都能接触世界上所有的信息。而机器人技术让你能够操纵世界上所有的东西，它不仅仅局限于信息，而是包含万物。"

马克·雷伯特的大老板，软银首席执行官孙正义则对机器人更为狂热。

他认为金属工人不但将取代蓝领，更将威胁白领，机器人数量将连年暴增，三十年后，地球将有100亿人类和100亿机器人。

"这是我们第一次与100亿个机器人共同生活在地球上。人类创造的每个产业都将被重新定义。"

孙正义将这一天，称为人类的奇点。

三

今天，我们的最大烦恼就是，我们以为遥远的未来，转瞬就成为现实。

我们尚未想好如何和机器人相处，机器大军便已包围了我们。

欢喜和恐惧不可避免地产生，并将所有人包裹其中。

这种情绪年代久远，几乎与第一台机器人同龄。

在洪荒时代，西征昆仑的周穆王曾看到奇迹一般的傀儡表演。

偃师所造的傀儡，能随歌而动，应节而舞，千变万化，恍若真人。

然而最终，人偶却在君王的怒火下，散乱成一堆五颜六色的颜料。

两千余年后，达·芬奇在笔记中留下一幅草图，图上是一个由发条驱动、穿着金属盔甲的机器人。

传说中，它能够坐下，挥臂，甚至交谈。

可那草图却在中世纪被视为黑魔法，尘封百年，无人问津。

捷克作家卡佩克在小说中创造了一个新词语，他将那些由弹簧驱动的机器叫作"robot"。

这是"robot"的诞生，可也正是在这本书中，作家让机器人毁灭了人类，成为星球新的主宰者。

这就是我们的造物，一出生就带着毁灭的气息。

科幻大师阿西莫夫不惜创造三大定律来束缚机器人的灵魂。

然而，此后大部分与机器人有关的故事，都在琢磨如何绕过规则，消灭人类。

它们是星舰的伴侣，也是叛变的主谋；它们是温和的管家，也是冷血的暴徒。

它们弯腰拱背，供我们踩踏上马，然后对着我们的背影，默默举起冰冷的枪口。

它们其实是我们人性的投射。我们狂妄，它们就倨傲；我们冷血，它们就残暴；我们无法控制欲望，它们就沾满罪孽。

而所有投射的背后，其实是深深的孤独。

这种孤独，让我们颤抖地打开魔匣。

我们孤单的时日太久了，迫切期待智慧物种的诞生。无论是伙伴，还是敌人。

2013年，奥地利有扫地机器人自杀，据称是受够了家庭琐事。它爬上炉子，将自己烧为灰烬。

这是一条假新闻，但不妨碍它流传至今日。

我们口口声声说未来可能陷入机器人的奴役，却又无比期待智慧机器人的到来。

这种期待中，最温暖的部分，发生在20世纪70年代的某一天。

上午阳光正好，抽屉弹开，那个来自22世纪的蓝胖子笨拙地从抽屉里跳了出来，笑容可掬。

那是人与机器人相逢的最美好时刻。

我们用了漫长的岁月等待这一刻。

而今日，抽屉终于发出细微的响动声。

当世界被缩小之后

▶ 这个世界已被折叠压缩，你与许多机会离得更近。

一

1992年，北京电视艺术中心做了一件石破天惊之事。

艺术中心把大楼抵押给了中国银行，只为能贷到150万美元。

当时，拍摄一集《渴望》的经费不过2万，整个中心全年的制作费也只有180万。筹款150万美元，只为拍一部电视剧，无疑是豪赌。

然而，即便押上了办公大楼，中国银行依然犹豫。后来，北京电视艺术中心的美工冯小刚，给中央领导写了封信。

那时，他的《编辑部的故事》刚播完，据说领导挺爱看。

贷款终于批了下来，电视剧开拍，名叫《北京人在纽约》。姜文是男主角，冯小刚是导演之一。

这是中国剧组第一次到美国实景拍摄。剧组租用了曼哈顿东村一个简陋的地下室作为主场景。道具师从垃圾堆里捡来了冰箱、洗衣机、衣柜和一台40英寸的彩电。

为了省钱，剧组在纽约四处游走，一旦看到长街无人，马上驾机拍摄，拍完就跑，免得被警察发现后要钱。

戏中故事和戏外一样窘迫。姜文饰演的大提琴家一下飞机便迷失于英语丛林。

地下室内压抑的四壁和打工餐厅后厨如山的盘子，让主人公的纽约生活如同冰冷的梦境。

厨房窗台上的洋葱上插着刀叉，从刀叉缝隙望去，是曼哈顿被锋利分割的天空。

1993年，电视剧首播，万人空巷。刘欢那句"千万里，我追寻着你"倾泻而出，如同大洋彼岸吹来的浩荡长风。

电视剧每集开场时都会打出一句话：如果你爱一个人，送他去纽约，因为那里是天堂；如果你恨一个人，送他去纽约，因为那里是地狱。

无论是天堂还是地狱，对于国人而言，都是别样人间。人们挤在电视机前，管窥一个遥远的平行世界。

那个世界陌生且充满诱惑。当时正值出国热潮，人们将出国视为改变命运的手段。

然而，等待他们的，注定是一场艰辛的旅程。所有的过程都漫长且封闭，所有的起点都卑微且孤单。

在《北京人在纽约》的最后一幕中，冯小刚出镜，扮演一个从北京来投靠姜文的新人。

姜文领他到曼哈顿的那个地下室，借给他500美元后，扬长而去。

冯小刚呆望了下地下室，返身跑回地面。纽约夜幕沉沉，世界孤单陌生，他在街头怒吼："我 × 你姥姥。"

电视剧至此戛然而止，那句骂声，最终消散在时代的雾气中。

六年之后，冯小刚拍了电影《不见不散》，依旧讲述北京人在美国的故事。

此时，他已经是当红贺岁片导演，电影中的美国也不再阴冷，开始有了大片的蓝天白云。

葛优饰演的主角虽然初到美国时依然狼狈，但好歹有了笑容和调侃，并且最终调教了美国警察，使他们集体高喊"为人民服务"。

彼时，出国的主题，已是淘金和镀金。大洋两岸的信息不对称，造就着一个个财富传奇。

千禧年后，互联网兴起，时代陡然加速，世界开始被折叠压缩。

在地质学上，板块间的重聚或许要等待亿万年，然而在网络层面，距离早已模糊。

拉斯维加斯的枪声，我们可以第一时间听闻；华尔街股市的震荡，我们可以第一时间得知。那些在海外读书的孩子，随时可以和家人微信视频，生活与生活之间，只隔了一层屏幕。

2017年国庆时，在米兰和佛罗伦萨的中国游客，已熟稔地骑上了摩拜单车。

红色的车轮碾过古老的街巷，巷中的名店橱窗内挂着支付宝标识。世界正在重叠之中。

很小的时候，我以为故乡小城是一座极大的城市，从城市一端到另一端，在想象中是一段极为漫长的跋涉。

长大后，我发现世界也如同故乡那座小城。当时代把我们不断举高，世界已缩成一隅。

二

当世界被缩小之后，那些因距离产生的红利开始消失。

最先消失的是身份红利。

因为国人对优越生活的憧憬，早期海归总带有别样的光环。

唐骏1986年回国时，老家的亲戚朋友和同学包了一辆大巴车从常州到上海虹桥机场接他。虽然他只是留学生，但欢迎场面如同迎接奥运健儿。

洪晃在美国读完中学和大学后，回国也带着骄傲，"从国外回来的人刚开始都有点儿优越感，走在王府井茫茫人海中，我们总觉得比别人高一截"。

然而，随着时代的快速演进，海归不断增多，这种优越感很快消失。

海外经历令履历增色，但已不足以让人仰视。

接下来消失的是模式红利。

当信息洪流还被大洋阻隔时，海外的先进技术和商业模式一旦被搬回国内，便是财富。

杭州海博翻译社的翻译马云，在西雅图目瞪口呆地看着新鲜的互联网；深圳润迅的工程师马化腾，深夜研究着以色列人发明的通信软件"我找你（ICQ）"。

对互联网一窍不通的张朝阳，决定把雅虎照搬到中国，起了个仿名叫搜狐。雅虎的域名是yahoo，搜狐早期的域名干脆叫sohoo。

搜狐的天使投资人尼葛洛·庞帝于1998年访问中国。在发布会现场，青年张朝阳向媒体介绍说："这是我的天使。"

现场记者一片哄笑，一个大老爷们儿怎么叫天使？大家对风投模式全然陌生。

而今，信息不对称的鸿沟早被填平。硅谷任何风吹草动，都能纤毫毕现。很多时候，海外已开始山寨中国的互联网创意。

最后消失的是学历红利。

千禧年前后，第三波留洋浪潮开启，中产阶层开始将子女送往海外读书，风潮愈演愈烈，并绵延至今。

然而，当少年们学成归来，却开始遭遇就业困境。

除了顶级名校的学历依然坚挺外，更多的海归毕业生则淹没于求职的人潮中。

《2017中国海归就业创业调查报告》显示，如今，44.8%的海归收入在6000元及以下，83.1%的海归认为专业与工作岗位不契合。

世界已被缩小，若你还用旧思维向世界索取，收获的只会是苦涩。

三

当旧红利消失之后，新的时代红利开始诞生。

世界既然已被压缩，那么意味着我们离许多机会更近。

比如，那些收拾好行囊，准备去印度创业的人；那些研读财经报，深夜搏击美股的人；那些观察科技动态，开启新领域创业的人；那些布局海外房产，规划未来移民的人……

这个时代，你未必能留下全球性足迹，但势必要有全球化思维。

当你用全球化的视角重新审视人生，命运或许会悄然转弯。

在电影《天才枪手》中，少年们用飞越时区作为作弊的手段。而故事的原型，其实是中国的枪手学霸。

在这一代年轻人眼中，时区恍如郊区，地球不过村落。

这仅仅是个开始。

谷歌正用人工智能耳机撕裂语言的藩篱，马斯克正用火箭旅行缩短飞行的航程。5G时代已箭在弦上，AR外部设备正叠加虚拟和现实，未来的世界会更小，你需要更新的思维来适应。

事实上，转变早已发生。

我们依旧喜欢闯荡异乡，只是不再赌博式地扎入陌生国度，而是谨慎地翻阅世界，寻找最适合自己的机会。

我们依旧推崇去海外读书，只是不再纠结学历和文凭，而更看重思维体系和国际视野。

我们游历的身影遍布海外，但已不止在奢侈品店前排队，而且开始进入文化馆和博物馆，享受世界被压缩后所带来的文明便利。

罗马机场二层候机厅有一架公用钢琴，候机的乘客可以随意弹奏。

一次国庆假期时，我在机场转机，有个中国中年男子走到琴前，放下背包，安静地坐下。

他微笑从容，数首曲目流淌而出，其中就有那首《千万次的问》。

五洲四洋的过客围绕在钢琴周围，俨然如同微缩的世界。

他们或许不知曲中的倾诉和惘然，但依然在曲终时，为美好的音乐鼓掌。

世界已微缩成舞台，而每个优秀的个体，都会成为主角。

星际大航海时代

▶ 在未来史册上，我们离星际远征的传奇节点，到底隔了多少行文字？

一

1972年12月7日，在距离地球45000千米的"阿波罗17号"飞船上，宇航员举起了一台拥有80毫米镜头的哈苏照相机。

在静寂的宇宙中，地球安静秀美，如同一颗蓝色弹珠。这张照片配上张小龙的背影，就是我们微信的欢迎界面。

这是人类最后一次远距离拍摄地球，在此后漫长的四十五年内，总计550名宇航员飞天，但活动空间仅限于紧贴地球的薄薄一层太空。

他们在近地轨道中执行工作，更远处的宇宙是漆黑的禁区。

没人知道星际大航海时代何时来临。地球的大气穹顶，似乎就是我们人生舞台的上限。

然而，总有人不甘于此。"阿波罗17号"发射前一年，一个名叫埃隆·马斯克的婴儿在南非出生。

童年时，他随严苛冷漠的父亲在郊区木屋生活。在学校受尽侮辱后，他时常抱膝躲在一隅，幻想移民遥远星球。

长大后，他漂洋过海，求学美国，很快成为全美最知名的创业者和青年富豪。

然而，他发现，精英们都在讨论互联网、金融海啸和维多利亚名模，没人再向星空投去野性的目光。

曾改变几个时代的阿波罗登月和星球大战，忽然遥远得就像前尘旧梦。

这让他郁郁难欢。

在赌城拉斯维加斯，公司高管们狂欢庆祝，他躲在咖啡厅里读一本晦涩的火箭手册。手册是苏联时期的，古老得有些发霉。

2001年，他意外遇到了一个民间组织"火星学会"。

学会办了一场筹款晚宴，马斯克不请自来，并送上一张5000美元的支票。

晚宴上，会员介绍了一个项目：让一架关着老鼠的太空舱围绕地球轨道旋转，以此模拟火星重力环境。

马斯克则想更进一步，他想把这些老鼠真的运往火星，并且有去有回，老鼠可以在星际旅途中繁衍。

和马斯克一起创办易贝网的朋友显然已跟不上他的脑洞。他们送了马斯克一大块瑞士奶酪，调侃称那些远航的老鼠"要靠很多很多奶酪才能活着回来"。

火星学会已装不下马斯克的梦想。他成立了自己的火星生命基金会，希望唤醒人们远征星空的野心。

基金会专家将老鼠计划升级为"火星绿洲"。

根据计划，马斯克须购买一枚火箭，将一个机械温室发射到火星上去。

机械温室将采集火星岩屑或土壤以培育植物，这样就能在火星上制造第一口氧气。

这一切都让马斯克痴迷，他准备用视频直播火星植物的长势，并向全美青少年发放同类幼苗，让大家一同播种，然后比较两个星球植物的生长速度。

"火星上将会有生物存在，而且是我们送到那儿的。我们希望告诉千千万万的少年，那里并不可怕。这样一来，他们可能会开始考虑'也许我们可以去火星'。"

马斯克计划投入2000万~3000万美元完成这一计划。然而，仅发射一项，就可能超出预算。

于是，当年30岁的马斯克决定前往俄罗斯搞几枚老旧洲际弹道导弹，用作运载火箭。

二

2001年深秋，马斯克飞往莫斯科，星际大航海的梦想微弱如萤火。

出行前，大学好友雷西让马斯克看了一系列火箭爆炸视频，并组织同学分批与之谈心，希望能让老友冷静。

然而，一切都无法阻止马斯克。雷西无奈随行照看。

在此后的四个月内，他们奔波于莫斯科街巷，在间谍和掮客的引荐下会见不同势力。

会见按照俄罗斯习俗进行，多安排在中午11点。

慵懒的俄罗斯大佬们在办公室一边享用着三明治和香肠，一边漫不经心地闲扯。

马斯克焦虑难安，但大佬们浑不在意。三明治之后，是咖啡、雪茄和伏特加。

当办公桌终于清空，他们才似笑非笑地问马斯克："你们要买什么来着？"

类似的会面在戏谑氛围下重复上演。在战斗民族的火箭专家眼中，马斯克等人不过是无知青年。

最后一次会面在莫斯科市中心的一栋古老大楼内进行。

马斯克入乡随俗，宾主推杯换盏，伏特加鲸吞牛饮。

借助酒意，马斯克开门见山，询问导弹价格。对方回答："每枚800万美元。"

马斯克还价说800万两枚。现场一片哄笑声，有人说："小伙子，别闹了，你有那么多钱吗？"

马斯克终于明白，俄罗斯人并无诚意做这笔买卖，或者只想狠敲他一笔。

他们郁闷而归，走出大楼后直接叫车前往机场。

那已是2002年初冬，风雪席卷莫斯科街头，车窗外行人竖起衣领，匆匆奔忙各自的生活。

星空藏在灰色苍穹之外，眼前的世界只有一张张冰冷的脸。

直到登机后，酒水车推来，雷西等人才觉得这段荒唐梦境终于结束，生活即将回归本色。

众人饮酒，马斯克在前排埋头打字。过了一会儿，他转身亮出笔记本屏幕上的电子表格说："兄弟们，我觉得我们可以自己造火箭。"

四个月后，马斯克的太空探索公司SpaceX在洛杉矶郊区的一间旧仓库里成立。

第一批员工入职时，他们被告知SpaceX的目标是成为太空行业中的西南航空公司（美国著名廉价航空）。

此后十五年间，SpaceX成功发射火箭38次，获得了美国国家航空航天局（NASA）累计百亿美元的订单，并在2017年年初实现了回收火箭再发射，将航天成本缩减至原来的1%。

开发出龙飞船后，SpaceX成为地球上第四个能飞到空间站的实体。

前三个都是国家，美国、俄罗斯和中国，第四个是马斯克的公司。

2018年，SpaceX将用自家载人飞船将两名私人旅客送往绕月轨道。

在"阿波罗8号"首飞五十年后，虚空处停滞许久的齿轮，终于又开始转动。

月球只是短期的目标，马斯克远望的，依旧是火星。

三

研发完火箭和载人飞船后，马斯克准备在西雅图建一座卫星制造厂，在2030年前向近地轨道发射4000颗太阳能卫星。

届时，世界任何地区，无论是北极、太平洋中心，还是珠穆朗玛峰峰顶，你只需要一个比萨大小的接收器，就可以高速连接互联网。

世界的逻辑，将因此更改。

其实，这只是他给火星准备的网络方案。

抱着巨大奶酪的老鼠和藏在温室中的幼苗已无法诠释马斯克的野心。

他现今的目标是把移民者送往火星。第一阶段的移民者总计100万人。

地球生物六亿年间已遭遇五次大灭绝，马斯克希望，这一百万人是太空拓荒先驱，也是人类的备份。

在他眼中，我们这个时代的人类已经行进到史诗的边缘，传奇触手可及。

马斯克计算出了前往火星的目标票价——50万美元，"相当于中产阶层在加州买一套房，发达国家的大多数人到45岁左右就可以攒够这笔钱"。

1989年，老布什曾提议将美国宇航员送上火星，NASA预计将花费4500亿美元，人均开支约1000亿美元，相当于马斯克票价的20万倍。

2004年，小布什旧事重提，此时人均开支已降至100亿美元。相当于马斯克票价的2万倍。

目前，前往火星的人均成本约5亿美元，是计划票价的1000倍。而在革命性地完成火箭回收后，SpaceX正在扩容飞船和提升引擎性能，用以降低票价。

按照马斯克的时间表，SpaceX将在三年内发射无人飞船到火星，并从火星返回地球。

十年之内，无人飞船将逐步把设备、居所和供应物资运到火星，构建安置点，迎接第一批住客。

一切顺利的话，2025年到2027年间，第一支人类舰队将会出发，拉开星际远征的序幕。

出发3~6个月后，飞船将抵达火星，完成助推式着陆。人类将踏足火星尘埃，远眺奥林帕斯山脉，开启新历史。

大约两年后，火星与地球再次接近时，第二支移民舰队将会到来，并带回打算返回地球的人。

首批移民者将成为明星式人物，因为没有一去不返的悲壮，越来越多人会尝试前往火星。

如此循环往复，最艰苦的时期会慢慢过去，星际大航海蕴藏的巨大经济动力，将让更多国家和机构疯狂，移民人数将发生指数级爆炸。

"对于那些想尝试新事物的人来说，火星上有大量激动人心的机会——从第一家比萨店到第一家铁矿冶炼厂，再到各种各样的第一次。对于那些想参与创造新文明的人来说，这将是真正让人兴奋的事情。"

马斯克预测，2040年时，繁华城市会在火星出现，2070年时，火星人口将突破百万，人类会以火星为跳板，逐步探索更多星球。

那时，马斯克已年过九旬，他希望能在火星城市内终老，回望他参与创造的时代。

1492年夏日午后，在西班牙南部小镇上，酒馆内的闲汉们昏沉欲睡，有风琴声从教堂隐约传来。

那天清晨，一个叫哥伦布的人带着船队出发离港。

那时，谁知道大时代即将到来？

我们出走半生，果然仍是少年

▶ 生物科技爆发之后，我们出走半生，果然仍是少年。

一

威尼斯长夜中，达·芬奇铺开手稿，用钢笔蘸了蘸棕色墨水，开始勾勒灵魂之所在。

屋外是一片浓稠得化不开的黑暗，贵族和奴仆早已昏睡，浮华金粉散落在阴沉的水沟中。

那一夜，达·芬奇画出了《维特鲁威人》，画中人物比例被后世尊为人类美学的神圣比例。然而，他依旧没找到生命奥秘之所在。

这位雄踞文艺复兴最顶端的男人，寂寞搁笔。

聪明如他，已猜到自己已远远超越了时代，有许多疑问，在有生之年，没有答案。

《维特鲁威人》问世两年后，大航海时代拉开序幕。

冒险家们被新世界的传说鼓噪得血液沸腾，他们脑海中盘旋着东方的丝绸、印尼的香料，以及散落在新大陆深处的不老泉。

仿佛一口泉水，便可逆回青春。

然而，留名史册的只有少数幸运儿。

大多数海员，一生只能眺望到一小段海岸，他们在固定的海域奔波往返，在朗姆酒的香气中昏沉老去。

他们其实知道，在有生之年，只能见识到有限的世界。

航海家们谢幕四百余年后，1977年，在佛罗里达州东海岸，美国发射了两枚探测器，旅行者1号和2号。

这是人类星际大航海的开端。

两枚探测器借助一百七十六年一遇的四星连珠窗口，依靠行星引力接力抛飞，终于在发射二十多年后，跟跟跄跄冲出太阳系。

一个飞向蛇夫座，一个飞向孔雀座。

它们寂寞地漂泊在黑暗宇宙中，钚电池仅余微弱电力，只能勉强地回报信息，并预计将在2025年失联。

旅行者号上带着黄金光盘，光盘中美国总统卡特留下了一段伤感的宣言。

卡特对可能偶遇的外星过客说："我们正努力延缓时光，以期望与你们的时光共融。"

然而，无论是卡特还是那个时代的科学巨匠，他们都知道，在其有生之年已无缘征服星海。

风华绝代的天才，桀骜不驯的冒险家，身份尊贵的美国总统，其实都撞上了同一道时间屏障，名为有生之年。

生而有涯，在生命之墙面前，人人平等，人人渺小且无助。

所有悲伤的咏叹调都转化为推墙的动力。

自从知道生命有界限起，人类一直努力推动着生命之墙。

在达·芬奇和航海家们的时代，人类的平均寿命为35岁；在旅行者号发射时，人类的平均寿命为64岁；最近十年，人类的平均寿命缓慢增长，最终稳定在男性74岁，女性77岁。

然而，这并不是生命的最终界限。

在科技持续爆发后，最新公布的生命界限，将彻底改变我们的世界。

二

回顾人类最近百年的历史，生命的延长总对应着科技的爆发，每一次爆发节点，相距总是18年。

蒸汽机广为应用18年后，内燃机普及；内燃机走红18年后，家电时代到来；家电在美国风行18年后，家用计算机诞生；家用计算机问世18年后，互联网兴起。

每一次科技爆发，人类的寿命总是对应延长，生命之墙接连后移。

如果以1999年第一次互联网爆发为节点，那么18年后，我们正迎来新一轮科技爆发。

这一轮科技爆发与以往不同，属于复合型科技浪潮，多领域飞跃正开启崭新的未来。

与之对应，这一轮生命之墙后移的程度也将极大超出我们的预期。

阿尔法狗已不屑与人类为敌，开启自我进化；被沙特册封为公民的女机器人，已说出"人不犯我，我不犯人"。

中国科学院院士姚期智坦言量子计算机离家用化只剩最后一里路。

姚院士还告诉我们，传统超级计算机60亿年才能算完的问题，量子计算机在3小时内就能给出答案。

生命之墙下，这个时代的推墙者默默举起钉锤，他们比过往更有自信，也更有力量。

在第五届腾讯WE大会上，面对中外顶尖科学家，人类基因组医学专家张康教授谨慎地宣布了这一代人的生命界限。

他所带领的团队已攻克了肝癌的早期检测。他称，通过DNA甲基化确定早期癌症并进行治疗，可以在2027年将因肿瘤而死亡的病人减少一半。

这仅仅是开始。在实验室，他们发现，DNA甲基化对人类的衰老有决定性作用。

他们通过调整老鼠的DNA甲基化，已将其生理年龄拧回零岁。

"正因为这个，我们认为在我们这一辈，能够把人的生命延长到150~200岁。我们希望他活200年，但是身体年龄还是在50岁或40岁以下。"

这只是诸多好消息中的一个，在基因、干细胞、端粒酶等诸多领域，推墙人正不断吹响号角。

这一次，人类寿命的延长将不再是风烛残年的勉强延续，推墙人不但在延长寿龄，更在提高生命质量。

斯坦福大学的神经学教授、老年疾病研究专家托尼·韦斯–克雷（Tony Wyss–Coray）的研究课题原本是解决老年人的阿尔茨海默症。然而，他在研究中发现，当将年轻的血液注入苍老的大脑时，大脑就可重回巅峰。

类似的试验，在老鼠和小样本群的人类中已取得积极成果。

他们的项目名称也因此改名为"返老还童"。

当我们的生命被延长至150岁，"60后""70后""80后"和"90后"都将处于成长的前半段。

年轻的血液维持着智慧，迭代的科技消灭着疾病，或许这就是我们所期望的最美好未来。

在这个未来，我们出走半生，果然仍是少年。

三

在全新的生命界限下，一切规则和玩法都将发生深刻改变。

过去，我们的人生短暂易逝，时常会导致三个问题：油腻、局限和混沌。

那些盘玩手串、讥讽缠身的中年人，何尝不曾鲜衣怒马、青春年少，油腻的主因是丧失了生命的冲劲。

人生已到中途，于是得过且过。风尘模糊了容颜，惰性也包裹了生命。

比油腻更可悲的是局限，我们只能忙碌当下的生活，只能仰望有限的天空，我们的活动半径固定在有限的城市，太多世界无暇触及。

碌碌半生后，我们就要匆忙迎接死亡，人生其实一片混沌。

古训说"五十知天命"，人生已过大半，知晓天命又有何用？

因为太匆匆，过往我们或许没时间也没必要做人生规划。

然而，在150~200岁的生命界限下，一切都将被推倒重建，我们的当务之急是要重建一份新的人生规划。

对于职业战场而言，退休将遥遥无期，我们须洗尽油腻，重燃斗志，规划人生的新目标；对于财富战场而言，我们须做长线规划，积蓄财富以应对多变未来；对于家庭而言，一生相守一个爱人将成为最宝贵的誓言。

和突如其来的人工智能浪潮一样，对于生命的爆发式延长，人们毫无准备。

嘲笑声还未消，你我已身在潮中，或许，这将是人类最幸福的抱怨。

在混沌的中世纪徘徊一生后，67岁的达·芬奇在法国寂寞离世。

他在遗言中说：一生没有虚过，可以愉快地死，如同一天没有虚过，可以安眠。

无论界线是77岁，还是150岁，这理应是人类的座右铭。

上帝泄密后，我们终将进入第三战场

▶ 我们所有人的过去都深藏在混沌之中。

一

越战时，在越南某处海岸边，美国大兵文特尔准备自杀。

他是医疗兵，终日要面对病患与尸体，他的世界阴暗沉重。他计划游入深海，等体力耗尽时自沉。

游出一海里后，他遇到了盘旋的鲨鱼，死亡的气息真切而粗重，最终他改变主意，放弃了自杀计划。

上帝皱眉盯着这一切，他已预感到这个人将带来的麻烦。

战后归国，文特尔发奋学业，他考入了社区大学，并先后在几家二流大学拿到生物学相关学位。

后来，他进入了官方实验机构工作，但因个性乖张，脾气暴躁，几无朋友。有人私下喊他"希特勒"。

1990年，文特尔44岁，时光在他脸上凿出一道道沟壑。他的事业一无所成，生活似乎要潦草结束。

就在这一年，一项堪比登月计划的伟大工程启动了，即人类基因组计划。

人类混沌前行数百万年后，终于举起文明火炬，想看清自身的纹路。

最终，地球上最强大的六个国家加入此计划，预计用30亿美元和十五年时间解开人体全部基因密码，并绘制出人类基因图谱。

然而，直到1997年，耗费了巨额资金和一半预定时间后，多国合作小组仅完成3%的测序工作。

此时，文特尔终于站在了人类舞台的最中央。

他成立了一家公司，以一人之力对抗六国，用他独特的办法独立完成了人类基因图谱。

文特尔保证，他的个人公司比六国联手的速度还快，"战争将在三年内结束"。

世界哗然。

文特尔的底气在于他1991年发现的新测序方法，名为"霰弹枪定序法"。

在新方法中，基因将被粉碎成大量细小的片段，然后交由计算机鉴别，最后再拼接到一起，效率得到极大提升。

在文特尔的追赶之下，多国合作小组狼狈不堪。2000年4月6日，文特尔突然宣布完成了基因测序工作，并试图申请专利。

时任美国总统的克林顿，焦头烂额地出面灭火，并努力撮合文特尔和多国小组合作。

在过去七年，人类自我解码只完成了3%，用了文特尔的方法后，短短三年就完成了90%。

2000年6月26日，克林顿在白宫宣布："人类有史以来制作的最重要、最惊人的图谱——人类基因组，草图完成。"

站在克林顿身边的有两位科学家，一位是官方代表，另一位则是不得不邀请的文特尔。

　　绘制完人类基因图谱十年后，文特尔和他的团队用人工基因组合出了地球上第一个"人造生命"。

　　为了追踪和留念，"新任上帝"文特尔在这个特殊生命中加入了一段DNA水印。

　　水印中有他的名字和邮箱，以及一句诗。

　　"去生活，去犯错，去跌倒，去胜利，去用生命再创生命。"

二

　　在文特尔等人落下最后一笔时，无数声响从历史洪荒处传来。

　　有古鱼游走撞破冰层的声音，有猿猴跳跃拂动树枝的声音，有被病毒侵袭时人类的痛苦呻吟，以及一个个人种被智人消灭时的绝望哀号。

　　在我们身体内，至今残存着尼安德特人的基因。他们被我们的祖先灭绝，但其基因通过征服和交配潜入人类血脉，从而导致糖尿病、抑郁症、血栓等一系列疾病。

　　基因中写着人类的荒蛮历史，也同样写着人类的进化未来。

　　只是无论过去还是未来，都深藏在迷雾之中。

　　我们如顽童般笨拙地抄下全部语句，却不懂大部分语句的含义。

　　不过，随着时代的飞速发展，解密速度正不断加快。

　　刚刚完成人类基因图谱时，个人基因组测序的成本介于1000万至5000万美元之间。

　　2010年，这一成本已下降到5000美元，而今，私营机构的检测成本已低至数百美元。

全民基因解密的热潮已然开始。在中国，检测基因正成为中产家庭的流行举动。

可知的是，基因检测在有关遗传病、病源、肿瘤等方面的研究上有着极佳表现，然而，这种表现很快被人们神话。

成年人试图通过基因了解家族起源，性格倾向，甚至职场定位。

对于幼儿，检测机构的广告语充满诱惑，似乎用一口唾液就可检测出未来的博尔特或肖邦。

宣传中，基因不但能测出智商、情商、性格、体育和艺术潜质，甚至还能测出孩子的早恋倾向。

学者们对此露出无奈苦笑。当大部分真相深埋混沌之中时，所有对基因的粗暴理解，其实和算命无异。

然而，学者们也没有多少底气，在一个科学大爆炸的时代，没人能预测基因技术发展到底有多快，以及基因到底藏着多少信息。

2017年9月，文特尔团队发表了研究结果。他们发现，仅通过分析基因信息就能还原人的长相。

这意味着，你遗落的头发、皮屑或你触摸过的水杯、纸袋等，都可能泄露你的深层隐私。

文特尔说，基因大时代已经到来，但慌张的人们显然没做好准备。

三

2014年3月，文特尔创立了一家新公司，名叫"人类长寿公司"。公司名字中包含了他的全部野心。

人类长寿公司准备测序一百万个个体基因组，用以攻克癌症等疾病。

文特尔显然不满于此，他已将人工智能、基因检测和深度检查结合，推出一种全新的体检。医学界将其视为未来医疗主流。

"成千上万人在患病之前接受深度检查，由人工智能给出你的生命预测。"

文特尔预言，未来十年内医生将消失，人工智能将远远超过目前最优秀的医生。

医学博士们将更多扮演"生命指导员"角色，不再做具体的诊断，只给出辅助性建议。

靶向药扫荡癌细胞，DNA编程逆转衰老，上帝的密码防线已经崩溃，我们只需耐心等待。

或许在数年之内，每个新生儿都会被绘制基因组图，每个成年人都将通晓生命出路。一个熟知基因奥秘的人工智能将诞生，一如我们初识阿尔法狗的那个冬夜。

上帝泄密之后，人类寿命得到飞跃式增长。

这是个亦喜亦忧的消息。

过往，我们对财富的追求是人生第一战场，决定着我们的物质水平；我们对教育的追求是人生第二战场，决定着我们的家族传承。

那么，我们即将进入第三战场——时间战场，这也是终极战场，将决定生命的延续。

过往的格局被打乱，那些已鞠躬谢幕的人，发现命运的幕布又被缓缓拉开。

三十岁，不再是而立之年，漫长的搏杀才刚刚开始。

文特尔已年过七十，却无人将他视作老人。

近年来，他频繁驾游艇出入百慕大群岛，去海底取样，寻找更多生物基因。

看客们以为老爷子在猎奇。

其实，文特尔在寻找能释放氢原子的微生物基因，以解决能源问题。

他说，有关未来的一切，都藏在基因之中。

刺激 1815：改变人类命运的三次跃迁

▶ 在我们已知和未知之处，进化从未停歇。

一

1815年4月5日，这个世界迎来一个特殊节点。

在太平洋和印度洋交界处，坦博拉火山骤然爆发，近11万人因此殒命，超600亿吨火山灰喷洒向天空。

这原本应是震惊世界的新闻，当时却未被传播开去。一个月后，伦敦报纸边栏才轻描淡写地提及此事，且语焉不详。

没人能猜到这次火山爆发对人类命运的影响。

超600亿吨火山灰遮天蔽日，天空变得阴暗混沌，从亚洲到欧洲，严寒无情降临。

寒风一直呼啸至1816年。这一年，西方史称"无夏之年"。夏天第一次消失了。

在中国，严寒让云南陷入饥荒，让辽东爆发冻灾，冷空气统治着长江沿岸，大雨倾盆，洪水滔天，鱼米之乡化为一片泽国。

阴云之下，饥饿的号哭伴随着起义的刀光，大清进入"道光萧条"，王朝投下了一个苍老的背影。

在欧洲，严寒导致粮食减产，燕麦价格一路疯涨。因为买不起燕麦喂马，大量马车无奈停运，从而导致了自行车的诞生。

这仅仅只是开始。在灰暗铅云笼罩下，人类正在积蓄力量，等待进化跃迁。

在那个"无夏之年"，英国伦敦一个叫法拉第的年轻人，发表了人生第一篇科学论文。他对电和磁着迷，常在寒室中思考两者的关系。

1831年8月，法拉第发现电磁感应现象，两个月后，他发明了人类历史上第一台发电机。一个璀璨的时代，至此拉开帷幕。

就在法拉第发明发电机一个多月后，在英国德文波特港，一辆装有6门大炮的小型帆船出发了。

这艘打着科学测量旗号的探测船，实际目的是刺探新大陆的情报。不过，船上确实拉了一个对博物学感兴趣的年轻人，名叫达尔文。

那年，达尔文22岁，刚大学毕业，他在船上度过了五年岁月。这个世界的原貌，开始如拼图般在他面前一点点清晰。

远航归来后第二年，达尔文动笔写了第一本物种演变笔记。

思考二十余年后，他终于逼近真相，1859年，他写了一本书名极其拗口的书。书商将其命名为《物种起源》。那是人类少有的骄傲时刻。

法拉第的电火花照亮了火山灰笼罩的世界，而达尔文的进化论则引发了前所未有的思潮。

思潮之下，大革命开始重塑世界。

1873年，达尔文收到一本新书《资本论》，作者马克思留言称："我是你最真诚的敬慕者。"

我们此后百余年的命运，有了新走向。头顶的乌云散尽后，我们可眺望更远之处。

二

如果说第一次进化跃迁，决定了前行的方向，那么第二次进化跃迁，则决定着前行的速度。

这一次，进化的舞台，是冰冷的电子世界。

在法拉第发现电磁奥妙一百二十六年后，1955年，"美国晶体管之父"肖克利博士在故乡圣克拉拉，即今日的硅谷，创建了一个半导体实验室。

这个消息，如同牛顿回老家开工厂一样，顿时让全世界的电子天才陷入疯狂。

那一年，八位天才级的年轻科学家从美国各地赶到硅谷，加盟肖克利实验室。

他们的年龄都在30岁以下，个个才华横溢。

肖克利是天才，却不懂经营和管理。一年中，实验室没有研制出任何像样的产品。

八位青年开始计划出走，他们递交辞呈，被肖克利怒斥为"八叛逆"。

"八叛逆"出走后成立了一家名为仙童的半导体公司，一年后，他们发明了集成电路，世界开始加速。

当时美国召开了一场半导体工程师大会，400名专家中只有24位的履历上没有在仙童工作的经历。

后来，八位天才离开仙童各自创业，他们开创的公司，决定着电子时代的走向。

乔布斯说："仙童就像个成熟了的蒲公英，你一吹它，创业的种子就随风四处飘扬了。"1964年，八位青年中的戈登·摩尔以三页纸的短小篇幅，发表了一个奇特的定律——摩尔定律。

他天才地预言，集成电路上的晶体管数目，将会以每十八个月翻一番的速度稳定增长，并在今后数十年内保持这种势头。

摩尔定律在诞生之初不过是工程师间的谈资，但很快，它就成为这个时代的核心规则之一。

在冰冷的电子世界中，元器件迭代进化，计算能力不断攀升，而在宏观世界，信息产业几乎严格按照摩尔定律以指数方式高速前进。

离开仙童后，戈登·摩尔创立了世界头号中央处理器生产商英特尔，开始决定这个时代的运算力。

当人类肉身的进化近乎停滞时，电子世界的繁荣催生了电脑时代，这是两百年间的第二次进化跃迁。

三

如今，我们正处于第三次进化跃迁的节点。

或许，在未知之时、未知之地，这个时代的法拉第正在进行实验，而这个时代的达尔文已扬帆出发。

人们已听见潮水的声音，却看不清未来的模样。

当下人们的喜悦与迷惘，兴奋与焦虑，皆因此而生。

事实上，种种迹象都显示，这一次进化跃迁，将与智能相关。

如果说，第一次跃迁是发现人类进化规律，第二次跃迁是发现电子进化规律，那么第三次跃迁便是发现智能进化规律。

这一次跃迁，或将借助电子进化，实现人类自身进化的突破。

以这个时代风光最盛的马斯克为例，这位硅谷天才企业家坚信人类的未来将是"人机合一"，即将人脑和电脑互联。

跨越物种的互联，或许可以挣脱人工智能失控的阴影，并实现人类永生。

马斯克已成立了一家名叫Neuralink的公司，希望开发"神经蕾丝"技术，在大脑中植入微型电极。

他希望有朝一日，新人类可实现思维的上传和下载。

届时的我们，将不再是灰云下茫然无措的人类，也不再是严寒中瑟瑟发抖的人类，思维的火花将在神经元和电子元件中跳跃，新纪元自此开启。

1816年，无夏之年，19岁的雪莱夫人来到拜伦在瑞士的别墅度假。

压抑的阴云和寒雨迫使众人待在室内。拜伦提议，来一场恐怖故事写作比赛。

于是，雪莱夫人写了世界上第一部科幻小说《科学怪人》。

小说中，主角弗兰肯斯坦正是用科学打破生命禁忌的造物，一如两百年后马斯克等人的梦想。

命运早已安排好伏笔。

2040 年，无人幸免

▶ 2040 年，人类将迎来史无前例的"奇点"，你我无从幸免。

一

人类唯一战胜阿尔法狗的那个寒夜，疲惫的李世石早早睡下。世界在慌乱中恢复矜持，以为不过是一场虚惊。

然而，在长夜中，阿尔法狗又和自己下了一百万盘棋。是的，一百万盘。

第二天太阳升起，阿尔法狗已变成完全不同的存在，可李世石依旧是李世石。

从此之后，人类再无机会。

人工智能，不再是科幻小说，不再是阅读理解，不再是新闻标题，不再是以太网中跃动的字节和CPU中孱弱的灵魂，而是实实在在的宿命。

我们已身处大时代的革命之中，科学家将现今阶段定义为弱人工智能时代。

即便是简单的人工智能，其实已打败多数人类。

在美国亚马逊的超级仓库内，无数机器人正在货架间疯狂奔跑；在欧洲的快餐店内，机器人端着汉堡和薯条来去自如，从不休息；而在南非矿井下，电脑正操作着精密仪器，向幽暗处进发。

在珠三角，富士康厂区外，那些多愁善感的年轻人还来不及抒发乡愁，就得争抢为数不多的机会。

在工厂流水线两侧，100万台精密机器人正逐步填满他们站过的位置。

这只是革命的开始，随着智能飞速进化，人工智能已杀入世界的每一个角落。

全球数百位顶尖科学家耗费漫长时间搭建了一个复杂的数学模型，通过类似摩尔定律的多重推演，得到了一个最终结论：

人工智能或将在2040年达到普通人的智能水平，并引发智力爆炸。

这一时刻，距今还有22年。

22年，这个时间并不是凭空杜撰，更非杞人忧天，数字背后是复杂的社科曲线和人为变量。

而且，这只是科学家的保守估计。一个砸准的苹果或者一个任性的天才，都可能将此节点大大提前。

比22年更可怕的是，到达节点后，人工智能或将实现瞬间飞跃。

人工智能专家普遍认为，人工智能不可能被锁死在人类智力水平上。它将超越人类，变成我们无法理解的智慧物种。

据科学家描述，一个人工智能系统花了几十年时间到达了幼儿的智力水平；而在到达这个节点一小时后，电脑立刻推导出了爱因斯坦的相对论；而在这之后的一个半小时内，这个强人工智能变成了超人工智能，智能瞬间达到了普通人类的17万倍。

这就是改变人类种族的"奇点"。

我们极有可能是站在食物链顶端的最后一批人类。

二

一个超人工智能一旦被创造出来，将是地球有史以来最强物种。所有生物，包括人类，都只能屈居其下。

以谷歌技术总监雷·库兹韦尔为代表的一群极客，正欢欣鼓舞地期盼这天到来。

他们坚信，一个比我们聪明十几万倍的大脑将解决所有问题，疾病、战乱、贫困等各种纠缠人类的苦难，都不再是问题。

为等待这一天的到来，库兹韦尔每天吃100枚药片，希望自己能够活得足够长久。他还预订了冷冻遗体服务，如果提早离世，那么还有机会在人工智能到来后，将大脑解冻。

他眼中的未来，恍如伊甸。届时，人类身体内将奔跑着无数纳米机器人，帮我们修补心脏或消灭肿瘤。超智能计算机日夜计算，帮我们逆转衰老。

甚至，我们可上传记忆，与机器人神魂合一。

然而，另一派人却忧心忡忡。特斯拉的董事长埃隆·马斯克将人工智能比作核能。原子弹问世容易，但控制核武器时至今日仍困难重重。

比尔·盖茨也站在马斯克这一边，"很难想象为什么有人觉得人工智能不足为虑"。

在他们眼中，超人工智能将是盘踞未来的可怕生物。它们的思维方式和人类南辕北辙，且不眠不休，飞速进化。

对超人工智能感到悲观的马斯克，正紧锣密鼓地筹备"火星殖民"项目。

他计划从2024年开始，逐步把100万人送上火星，并在火星建立起一个完整可持续的文明。

这位悲观的天才企业家，其实用心良苦。一方面他寄望于用"火星计划"转移科学界的焦点，拖慢人工智能到来的脚步。另一方面，他希望在火星给人类留一个备份。

22年后，我们考虑的可能不再是逃离忧伤的北上广，而是逃离这个星球。

三

大众对人工智能的最大误解是认为人工智能和曾经的石头、斧子、打字机、手机一样，不过是人类肢体的延伸。

但这一轮人工智能大潮和以往几次技术革命都不同，人工智能将成为人类的替代。就连我们认为安全无忧的高级脑力工作者，都岌岌可危。

美国已经有十家律所聘用了Ross——一个背后由国际商业机器公司（IBM）的人工智能系统支持的虚拟助理。

Ross可以同时查阅数万份历史判决，并勾画重点。它能够听懂普通人所说的英文，并给出逻辑清晰的答案。以前需要500名初级律师完成的工作，它数分钟内就能够解决。

此外，交易算法已成为华尔街标配。在投资基金办公室里，以往急促的脚步声和电话铃声已被服务器轻微的嗡鸣声取代。

寥寥数个分析师偶尔抬头看看程序运行状况，他们发现，在

0.01秒内，人工智能就会根据市场走势和媒体信息作出判断，进而买卖数亿的股票。

斯坦福教授卡普兰做了一项统计，美国注册在案的720个职业中，将有47%被人工智能取代。在中国，这个比例可能超过70%。

过去用几代人命运承担的大变革，我们要在二十年内独自面对。失业大潮即将开始，并没给我们留太多适应的时间。

学者分析，在接下来的几十年中，只有三类人能勉强对抗人工智能的冲击，即资本家、明星和技术工人。

换而言之，面对步步逼近的人工智能，你要么积累财富，成为资本大鳄；要么积累名气，成为独特个体；要么积累知识，成为更高深技术的掌握者。

然而，财富堤坝、个性堤坝和技术堤坝，能在人工智能狂潮下坚持多久，无人可知。

在数字化巨浪中，向未来移民

▶ 你适应巨浪的速度，决定你在未来的位置。

一

在电影《2012》的高潮处，巨浪扑向喜马拉雅，恐慌的人类拥向巨大的方舟。

在那个平行世界，那是人类的分水岭。登船者通向未来，被遗弃者葬身深海，化成千万年后的尘埃。

五年之后，即2017年，类似的考验在电影之外上演。

这一次，人类要面对的，将是数字洪流，而你我都是洪流的制造者。

过去三十年，全世界的数据量正以每两年翻十倍的速度激增。

每一天全世界会上传超5亿张图片，每分钟会分享超20小时视频，互联网一天的内容能刻满1.6亿张光盘，而且这只是2012年的数据。

2016年，中国智能手机用户已达13.05亿，可穿戴设备数量已达千万。数亿传感器遍布我们的生活，你的每时每刻、吃穿住行都在被数字化。

人类文明90%的数据都是近两年生产的。而且，信息爆发仍在持续。

数据洪流早已淹没我们的生活，堵塞我们的口鼻。过去，数据积累尚如蓄水，在人工智能降临后，数据变成了有方向的洪流。

所幸，数据洪流导向的不是末日，而是更为美好的未来。

你在未来身处什么样的位置，取决于你适应这次巨浪的速度。

回忆下我们身边那些近年来抓住机遇的朋友，你会发现，他们都对数据分外敏感。

那些提前研判楼市动态的人，那些成功把握大盘曲线的人，那些总有神操作、抓住投资机遇的人，他们的共同点就是能在数据洪流中捕捉转瞬即逝的机会。

我们望洋兴叹，他们却在岸边游走，时而投出锋利的渔叉。

如果说以往错失机会只是错失财富，那么这一次错失机会，你将失去对未来的掌控。

其实，海南出版社1997年出版的一本书已成功预言了今天的现状，几乎说对了每一件事。

这本书叫《数字化生存》，被誉为二十世纪信息时代的圣经。

作者尼葛洛·庞帝在书中说，数字化、网络化和信息化，将为人类带来全新的生存方式，比特终究会取代原子。

《数字化生存》出版两年后，电影《黑客帝国》上映。

在清华的大小礼堂和阶梯教室的投影幕布上，绿色的0和1组成数字洪流倾泻而下。

观影的学生一片肃静。人群中有未来搜狗的王小川和美团的王兴。

那一年是1999年，互联网故事刚刚开始，一切仿如隐喻。

二

数据洪流，其实是一种宿命。

人类文明的进程，就是追求数字化的进程。

唯有世界可以度量、万物可以量化，世界才不混沌，前路才可预知。

感知世界后，人类才能进化自身，这是写在生命中的本能。

在数据匮乏时，文明总会有瓶颈，人生也会有诸多烦恼。

比如，在古时，时间只有模糊的刻度，空间只有粗糙的边界。

城里居民能听更梆计时，富贵人家有日晷、滴漏，但到了广袤农村，更多还是看天色。

宋朝时，女真族计算年龄还要靠回忆看过几茬青草，而桃花源村民更加直接，不知有汉，无论魏晋。

再看空间。将登太行，大雪满山，欲渡黄河，寒冰塞川，崎岖蜀道谁知有多少路程？每一次阳关作别，便不知相见何年。

他们无从预知天气，无从规避疾病，不知日月星辰因何旋转，更不知如何规划和决定人生。在数据匮乏之下，人生只余迷茫。

云横秦岭的韩愈，知道此地是何地？掠至北国的徽宗，知道今年是何年？

佛经道出了古人面对数据匮乏的苦闷：人生无常，万般皆苦。

这里的"常"，其实就是规律。因为世界和生活无法数据化，规律自然无从总结。

当人类经历数次科技革命后，情况终于有了好转。

我们勾勒出大陆的轮廓，我们计算出日月的距离，我们发现了逃逸地球的加速度，在微观世界，我们一路细分到夸克。

世界的混沌外壳被砸掉，露出了里面的数字脉络。

人类接下来的野心，便是积蓄数据，寻找规律，解读我们难测的未来。

三

要窥探未来的秘密，须满足三个条件。

即世界高度数字化，源源不断生产新数据；芯片持续升级，运算力不断提升；神经网络等算法不断进化，催生人工智能。

世界高度数字化早已满足，人类过往全部痕迹，几乎都录入了互联网。

英特尔预测，三年后，一位网民每天将经手1.5G数据，一辆无人汽车每天将涉及4000G数据，而一座智慧工厂每天将涉及1000000G数据。数据永不枯竭。

同时，摩尔定律之下，芯片速度持续提升。虽然电路板越来越拥挤，但运算上限还是被接连改写。

我们戴在腕上的苹果手表，其运算力已远超几十年前的超级电脑。

最关键的还是人工智能算法。在海量数据面前，人脑终有极限，但算法永无倦时。

过往，人类超越电脑的闪光时刻，多类似于围棋中的"神之一手"。

然而，我们虽有落子的灵感，却说不出落子背后的原理。

人工智能则不然，它可以调用海量的数据，利用不断进化的算法，冲击一个又一个混沌的领域，寻找其中规律，并以此改变世界。

在华尔街，人工智能的领军人物本·戈泽尔博士带领的团队创造了一个名为"基因进化"的系统。

系统由多个人工智能引擎构成，在自动分析所有的股票价格、交易量、宏观数据之后，所有引擎会聚在一起"开个会"，做市场预测。

然后，它们会投票选出最佳市场决策，然后进行股票交易。全程已不需要任何人类干预。

不光是决策，在掌控数据洪流后，智能机器人已可预言未来。

以"滴滴出行"软件为例，"滴滴"每天规划的路径超过90亿次，每天处理数据超过3千万兆，相当于30万部电影。

基于这些数据，"滴滴"可以对未来15分钟后的需求进行预判，准确率已超85%。

其实，这些决策和预判，正在一些我们想不到的领域发生。人工智能最喜欢的舞台，正是我们认为混沌复杂且多行业交叉的领域。

比如移民，中产家庭的迁徙往往涉及移民政策的解读研判、国情文化的冲突碰撞、教育医疗的考察比较，以及诸多领域的综合对比等。

生活迁徙符合意愿，先进医疗皆可共享，传承教育个性定制，财富增长突破阶层。未来变得触手可及。在智能规划之下，每个家庭都有自己的专属时区。

你的海外迁徙、教育医疗和财富增值，都将借助人工智能和大数据完成个性化定制。

三千余年前，在河南安阳郊野土牢内，周文王向地上扔下几根蓍草。草秆在地上摆出了神秘的符号，指向遥远的西岐。

脱困遥遥无期，老人试图用数字窥探未知的命运。

窗外是商朝的漫漫黑夜，然而他知道，那个用数字解密一切的时代，终将到来。

后 记

这是我读过的最惊心动魄的蝴蝶效应

▶ 讲几个特殊的故事。

一

1492 年的一个夏日，西班牙南部小港内，三艘帆船准备出发了。出发时有些狼狈，因当日没有风，船只能借着落潮慢慢离港。

船队共有八十八人，大多是准备到海上搏命的死刑犯，除此外还有一名阿拉伯语翻译，他们认为全世界语言的母语都是阿拉伯语。他们寄望用阿拉伯语和中国人打交道。

船长哥伦布的怀里揣着给印度国王和中国皇帝的国书。他脑海中塞满黄金与香料，对未来的航途茫然无知。

几个月后，新大陆露出了轮廓。

此后近百年，欧洲人掠走黑奴，带去瘟疫，新大陆的土著数量急剧减少，从而导致无人烧林开荒。树木开始茂密生长，大量二氧化碳被吞吐转化，"小冰河"期加速到来，全球气温急剧下降。

在东方，寒潮令粮食歉收，李自成揭竿而起，同时八旗军入关南下，经济水平领先全球的大明帝国轰然倒塌。

一位投机冒险家在小港口挥手作别时扰乱的海风，经过百年酝酿，摧毁了一个帝国，抹去了一个王朝，改变了一个时代。

这是我读过的最惊心动魄的蝴蝶效应。

你无法预知，你的行为，会给世界带来怎样的改变。

二

第一次读"蝴蝶效应"这段故事时，我正在深夜疾驰的越野车上，目的地是青海玉树。

十六个小时前，那里刚刚发生大地震。我带队从北京出发，飞抵西宁后连夜租车赶往震中采访。

那一年是2010年，手机浏览远没今日便捷，荒原上信号时断时续。

车外，孤月高悬，时有藏羚羊奔跑而过。

刚从历史的吊诡中抽身，就被荒野的孤寂震慑，在时间和空间面前，我们都是渺小者。

开车的藏族司机说，这是有名的死亡公路，如果深夜翻车，死了也就死了。

终点站已是一片废墟。

我们在街道上奔跑，在瓦砾上攀爬，深夜敲完最后一个字符后，裹着军大衣睡在了高原沙土地上。

地震发生七天后，我们准备撤离。撤离前夜，我开始感冒。

在高原，感冒是一件危险的事。撤离那天下午，同行的摄影记者张沫扶着我沿街拦车。

那天刚有大领导视察后离开，戒严加堵车，玉树镇上一片兵荒马乱。

天色已黑，我们才勉强拦到一辆手扶拖拉机。

张沫坚持让我坐进驾驶室副座，理由是我是病人。

他自己蹲在后面摇晃的车斗中。车斗露天，高原寒风刺骨。

拖拉机要穿过几座村庄，盘一座山，才能到玉树机场。

路况极差，一路颠簸，每走一段，我都要大声喊张沫的名字，他如不回答，就要停车找人，因为担心他被颠出车。

车行深山，路上无灯，两侧皆是黑压压的密林。拖拉机的柴油发动机咆哮几声后，终于歇菜。

司机说，如果不加水就再也开不动了。

我虚弱地递上手中半瓶矿泉水。杯水车薪。

那一刻是职业生涯最无助时，无信号，无灯光，无路人，我高原感冒，车后的张沫气若游丝。

司机忽然摆摆手，示意安静，然后跳下车，钻进了车边的密林。

诧异之际，他大笑归来——车边的树林中，恰好有一眼泉水。

不要轻言绝望，命运总会预留一眼泉。

三

玉树归来后，再见张沫，已经是一年以后。

那时，我参与创办一本杂志，而张沫刚报道完日本大地震归国，他是我的采访对象。

我们在左家庄的湘菜馆见面，鱼汤乳白鲜美，玉树山岭的黑夜恍如隔世。

张沫讲了他在日本采访时遭遇海啸的经历。采访结束，我匆匆赶回杂志社。

杂志社小办公室内，云雾缭绕，我的大佬金凌云面前烟头堆积如山。室内人人垂头丧气，愁眉难展。

这一期杂志的主题是日本大地震，但封面标题一直难产。

纠结至深夜，金凌云偶然看到《魔兽世界》的广告，那时国内的资料片叫"大灾变"。

那一期杂志就叫这个名字，封面图上，尘埃如雪，一个小女孩惶恐地望着世界。

杂志一期期出版，我们做了贩婴网络调查，撰写了文化城记，曝光了婚恋网站桃色陷阱，那是纸媒最后的荣光时代，每一个铅印的文字都自豪且有尊严。

后来，在《京华时报》和《新京报》那场著名的管辖权变更中，杂志的刊号被意外收回。有关理想的故事戛然而止，兄弟们星流云散。

我特别喜欢我的大老板金凌云给杂志写的开篇词：

倾听所有人对这个时代和这个世界的看法，然后将所有人的故事和看法讲给所有人听，让所有人听到所有人的梦想，让所有质朴的梦想获得足够的尊重，让一切从尊重出发，抵达希望。

四

创办"摩登中产"前，我和金凌云相约在左家庄见面。

暮色沉沉，左家庄楼宇昏黄，老人们拎着菜篮慢步归家，扒鸡和驴肉火烧的香气弥散街头。

时光在这儿黏稠如粥，但一切已终归老去。曾经供职的报馆就在左家庄内，收藏着我青春的全部回忆。

金大佬早已告别新闻行业，他师从海岩成了一名优秀编剧，电视剧作品已在卫视播出。

我们聊起了六年前杂志的那场意外死亡。然而，推演之下发现，即便当年能躲过一劫，杂志也极可能在后来的新媒体浪潮中消亡。

这是一个新媒体纵情狂欢的时代，内容创业也早已不是风口，即便是优质的原创内容依然获客艰难，重塑内容标准将是个漫长的过程。

那夜，我们喝了许多啤酒。换了个主场讲故事的金大佬说，无论什么时代，好故事总归会有市场。

于是，我们笨拙地出发了。

我们希望，"摩登中产"能成为你生命中那眼泉。

更希望，我们从生活中取出的故事，能如蝴蝶效应般，有一日影响和改变我们的生活。